大人のための 中学 数学勉強法

仕事と生活に役立つ7つのテクニック

永野裕之
HIROYUKI NAGANO

ダイヤモンド社

CONTENTS

大人のための中学数学勉強法 ● 目次

序章
中学数学を勉強する前に知っておきたいこと

大人が中学数学を学ぶ意味 ── 2
- 数学なんて必要ない？ ── 2
- 本当は役に立つ中学数学 ── 3
- 大人にはわかる数学を学ぶ意味 ── 5
- 7つのテクニックの役割 ── 7
- 10のアプローチと7つのテクニック ── 8

なぜ数学の勉強法を間違ってしまうのか ── 11
- 算数は結果、数学はプロセス ── 11
- 掛け算の順序問題はなぜ起きたか？ ── 16
- 算数は生活能力、数学は解決能力 ── 18

数学勉強法ダイジェスト ── 21
- 暗記をしない ── 21
- 「なぜ？」を増やす ── 21
- 意味付けをする ── 23
- 定理や公式の証明をする ── 23
- 「聞く→考える→教える」の3ステップ ── 24

第1章

[テクニック・その1]
概念で理解する

概念で理解するには ──── 28

負の数（中学1年生） ──── 30
- 数に「方向」を考える ──── 30
- 「0」が空（empty）から均衡（balance）に変わる ──── 31
- 絶対値 ──── 33
- 負の数の足し算 ──── 34
- 小さい数－大きい数 ──── 35
- 負の数の引き算 ──── 37
- 3つ以上の正負の足し算 ──── 38
- （－1）×（－1）＝＋1になる理由 ──── 39
- 負の数の掛け算と割り算 ──── 41

素数（中学3年生） ──── 44
- 数にも「素（もと）」がある ──── 44
- 素数に1が含まれない理由 ──── 45
- 素因数分解 ──── 47
- 公約数は共通の「部品」 ──── 48
- 公倍数は「部品」の統合 ──── 50
- 最大公約数は「弱い」？ ──── 51

平方根（中学3年生） ──── 55

- 人を殺してしまった数 ─── 55
- 平方根 ─── 57
- ルート（根号） ─── 58
- 数の種類 ─── 59
- 実体が捉えられない数を概念として理解する ─── 62
- 平方根（無理数）の計算 ─── 64
- 平方根を簡単にする ─── 66

第2章
[テクニック・その2]
本質を見抜く

本質を見抜くには ─── 70

文字と式（中学1年生） ─── 71
- 具体から抽象への飛翔 ─── 71
- 「代数」の誕生 ─── 72
- 文字式のルール ─── 73
- 文字を使う目的は「一般化」 ─── 74
- 1年後の月齢はわかるのに、天気はわからない理由 ─── 76

式の計算（中学2年生） ─── 81
- 次数との出会い ─── 81
- 次数とは ─── 82
- 次数＝ファクターの数 ─── 83

- 次元について ……… 85
- ドレイクの方程式 ……… 86

多項式（中学3年生） 89

- 因数分解はなぜ重要か？ ……… 89
- 多項式の計算 ……… 90
- 分配法則 ……… 91
- 多項式×多項式 ……… 92
- 乗法公式 ……… 93
- 因数分解の方法 ……… 98
- なぜ「最低次の文字について整理する」とよいのか？ ……… 96
- 因数分解の実践 ……… 99

第3章
[テクニック・その3]
合理的に解を導く

合理的に解を導くには 104

1次方程式（中学1年生） 105

- 等式の性質 ……… 105
- 0で割ってはいけない理由 ……… 107
- 移項で方程式を解く ……… 110
- 正しさは結論にではなく、プロセスにある ……… 114

連立方程式（中学2年生） —— 116
- 未知数の数だけ方程式が必要 —— 116
- 代入法 —— 118
- 加減法 —— 119

2次方程式（中学3年生） —— 122
- 最も簡単な2次方程式 —— 122
- 平方完成 —— 123
- 解の公式を導く —— 125
- 2次方程式のもう1つの解き方（因数分解による解法） —— 128
- 「答えがない」こともある！ —— 130

方程式の応用（中学1年生～中学3年生） —— 133
- ルールを見つけてモデル化する —— 133

第4章
［テクニック・その4］
因果関係をおさえる

因果関係をおさえるには —— 144

比例と反比例（中学1年生） —— 146
- 比例 —— 146
- 比例のグラフ —— 148

- ●反比例 ———————————————————————— 149
- ●反比例のグラフ ———————————————————— 151
- ●片方しかわからなくても大丈夫 ————————————— 152
- ●写像（範囲外）〜因果関係が明らかな２つのケース ————— 155
- ●関数は函数 ——————————————————————— 157
- ●暗号に使われる１対１対応 ——————————————— 158

１次関数（中学２年生） ——————————————— 160

- ●比例関係の発展形 ——————————————————— 160
- ●１次関数のグラフが直線になる理由 ——————————— 162
- ●２元１次方程式 ———————————————————— 166
- ●線形代数（範囲外）は世界をひも解く基本原理 ——————— 169
- ●線形計画法（応用） —————————————————— 171

$y=ax^2$（中学３年生） ——————————————— 174

- ●２次関数の基礎 ———————————————————— 174
- ●２次関数のグラフからわかること ———————————— 176
- ●２次方程式に解のないケースがある理由 ————————— 179
- ●「非線形」の関数も必要 ———————————————— 181
- ●微分（範囲外）の入り口　〜関数の次数 ————————— 183

CONTENTS

第5章
[テクニック・その5]
情報を増やす

情報を増やすには —— 188

図形の作図（中学1年生） —— 189
- 垂直二等分線の作図 —— 189
- 角の二等分線 —— 192
- 方法には原理がある —— 195

平行と合同（中学2年生） —— 196
- 平行線の性質 —— 196
- 三角形の合同条件 —— 199
- 効率よく情報を集めるためのチェックリストを持とう —— 202

図形の性質（中学2年生） —— 204
- 分類によって情報を引き出す —— 204
- 分類の進んだ使い方 —— 210

円（中学3年生） —— 212
- 情報量No.1の"美しい"図形 —— 212

相似（中学3年生） —— 218
- 比例式が使える図形 —— 218

第6章
[テクニック・その6]
他人を納得させる

他人を納得させるには ——— 224

仮定と結論（中学2年生）——— 226
- 論理の基礎 ——— 226
- ゼノンのパラドックス（範囲外）——— 227
- PAC思考法（範囲外）——— 229

証明の基礎（中学2・3年生）——— 232
- 答案で求められていること ——— 232
- 数学のテストは加点法 ——— 234
- 証明の書き方 ——— 236

空間図形（中学2年生）——— 239
- 伝え聞いたことを鵜呑みにしない ——— 239
- 正多面体は5種類しかない理由 ——— 241

三平方の定理（中学3年生）——— 245
- 深遠なる「論理の森」の入口 ——— 245
- ピタゴラスの定理が生まれたとき ——— 246
- 証明1（ユークリッド式）——— 248
- 証明2（アインシュタイン式）——— 251
- 有名な直角三角形 ——— 253

CONTENTS

第7章
[テクニック・その7]
部分から全体を
捉える

部分から全体を捉えるには ——— 258

資料の整理（中学1年生） ——— 260
- 度数分布表 ——— 260
- ヒストグラムと度数折れ線 ——— 261
- 代表値 ——— 262
- よりよい「代表」を求めて……（範囲外） ——— 266
- 偏差値とは何か（範囲外） ——— 268

確率（中学2年生） ——— 270
- 人間の直感はアテにならない ——— 270
- 同様に確からしいか？ ——— 270
- 勘違いその1 ——— 273
- 勘違いその2 ——— 274
- 勘違いその3 ——— 275
- 勘違いその4 ——— 276

標本調査（中学3年生） ——— 277
- 味噌汁の味見が一匙ですむ理由 ——— 277
- 全数調査と標本調査 ——— 277
- 正規分布（範囲外） ——— 278
- 推定の基礎（範囲外） ——— 284

終章

[総合問題]
7つのテクニックはどう使うのか？

[テクニック・その1] 概念で理解する ── 289

[テクニック・その2] 本質を見抜く ── 295

[テクニック・その3] 合理的に解を導く ── 301

[テクニック・その4] 因果関係をおさえる ── 307

[テクニック・その5] 情報を増やす ── 318

[テクニック・その6] 他人を納得させる ── 322

[テクニック・その7] 部分から全体を捉える ── 325

おわりに ── 328
- 「数と式」＆「関数」がメイン ── 328
- あとは実践あるのみ！ ── 330
- なぜ数学を教えるのか ── 331

序章

中学数学を勉強する前に知っておきたいこと

大人が中学数学を学ぶ意味

数学なんて必要ない？

「数学なんて必要ない！　社会に出たら、足し算、引き算、掛け算、割り算ができて、割合とか比とかがちょっとわかれば十分。中高で数学なんてやらされて損した〜」
と、数学に恨み（？）を持っている人は少なくないかもしれません。

一方で数年前から「大人が学び直す数学」がブームのようになり、たくさんの書籍が出版されるようになりました。それは一過性の流行として終わることはなく、今では少し大きな本屋ならどこでも、大人が学び直すための「数学書コーナー」が設けられています。永野数学塾で開講している「大人の数学塾」にも、ここ数年は入塾希望のお問い合わせがとても多くなっています。

おそらく、皆さん気づき始めているのですね。
「数学……必要かも」
と。

最近は携帯にもスマホにも計算機が付いていますし、電卓は100円ショップでも売っています。もちろんPCを使えば、エクセルや勘定奉行といったソフトが面倒な計算はやってくれます。社会人になると、紙と鉛筆を持って筆算をする機会なんてほとんどありません。そうなんです。語弊を恐れずに言えば、「計算が正確にできる能力」の価値はどんどん下がってきているのです。そして、それと逆行するかのように評価が上がってき

ているのが「論理的に考えられる力」「自分の頭で考えられる力」です。

　今さら私がここで論じるまでもなく、現代は多様化の時代です。全員で1つの価値を信じ、それに向かって闇雲に努力すればよかった時代はとうに終わりました。膨大な情報が溢れ、あらゆる人がblog、Twitter、Facebook等々を通して発言します。まさに「国民総コメンテーター状態」です。そんな情報と私見の嵐の中にあっては、盲目的に追随することができる画一的な価値観など存在しません。昨日まで正しかったことが今日から誤りになってしまうことなど日常茶飯事です。

　今、私たちが生きていくうえで求められていることは、与えられたものを言われたままや慣習通りに処理する能力ではなく、自らの頭で考えて行動すること、そして自分の考えを他人に納得させることです。つまり、現代に生きる私たちには、独自の視点で本質を見抜き、筋道を立ててそれを他人に説明できる力こそが必要なのです。

本当は役に立つ中学数学

　「そんなこと言ったって……。どうやったらそんなスキルが身につくの？」
と思う人もいるでしょう。でも、この本を手に取ってくれているあなたならもうおわかりですね。そうです。現代を生き抜くために必要なスキルは他でもない数学を通してこそ、最も直接的に磨くことができます。

　確かに因数分解も二次方程式も三平方の定理も日常生活で必要になることはほとんどありません。しかし、因数分解ができるようになったり、二次方程式が解けるようなったりすることは、数学を学ぶ本当の理由ではないのです。数学を通して磨くべき能力は、公式や解法の奥に潜むものの捉え方や考え方です。私がいつも引用するアインシュタインの言葉をここでも引用させてもらいます。

　　"教育とは学校で習ったすべてのことを忘れてしまった後に、自分の中に残るものをいう。そしてその力を社会が直面する諸問題の解決に役立

たせるべく、自ら考え行動できる人間をつくることである。"（アインシュタイン）

　数学で習う定理や公式や解法はいくら忘れても構いません（だって、社会に出たらほとんどの人には必要ありませんから）。逆に言えば定理と公式と解法を忘れてしまったら何も残らないようなら、あなたは数学から何も学べなかったのと同じです……厳しい言い方をしてごめんなさい。
　でも、それはあなただけではありません。定期テストや入試に追われていると、数学を学ぶ本当の意味を考える余裕なんて持てないほうが普通です。次から次とやってくる試験を突破するため、教科書や問題集に載っている公式と解法にアンダーラインを引き、努力は報われると信じて同じ問題集を繰り返し解き直していた学生時代のあなたを誰が責めることなどできましょう。
　そして、あんなに頑張って覚えた公式や解法が社会に出てからまるで使う場面がないとなれば、
　「数学なんて勉強したって、何の役にも立たない」
　と思うようになるのも無理のない話です。

　どうしてたくさんの人にとって数学は無益に感じられるのでしょうか？
　それはずばり、算数から数学に名前が変わったときに間違った方法で勉強してしまうからです。中学数学ではまず、負の数と文字式について学びます。続いて、方程式、関数、図形の合同、相似……と続いていくわけですが、これらを「算数のノリ」で学んでいこうとするとどんどん間違った方向に、つまりは数学を学ぶ本来の目的を見失わせる方向に進んでしまうことになります。算数と数学は似て非なるものです。算数には算数の、数学には数学のそれぞれ異なる勉強法があります。

　数学は、正しい勉強法で向きあえば誰にでもわかるようになるだけでなく、「自分の頭で考えられるようになる技術（テクニック）」を、つまりは人生を生き抜くために必要な物事の捉え方を教えてくれます。しかもこの

テクニックは一度身につけば、忘れたくても忘れようのないものです。そういう意味ではまさに「すべてのことを忘れてしまった後に、自分の中に残るもの」になります。

数学に苦手意識を持っている人にはもちろん、数学を通して仕事や生活に役立つテクニックを身につけたいと思っている人にも、中学数学を正しい勉強法と新しい視点で学び直すことを強くお薦めします。

「たかが中学数学なんぞに人生に役立つことなんてあるの」
というご意見もあるでしょう。中学数学にまで遡るのは随分と遠回りで効率が悪いように思う人もいるかもしれませんね。お気持ちはわかります。しかし何事も基本が大切です。結局は王道が一番の近道ですし、何よりも中学数学の内容の中にこそ、数学的に物事を考えるための基礎がぎっしりと詰まっています。

私は前著『大人のための数学勉強法』で、「正しい方法で取り組めば、数学は誰にでもできるようになる」という信念のもと、数学の正しい勉強法と「どんな問題も解ける10のアプローチ」について書きました。おかげ様でたいへんよい反響を戴いたのですが、題材を高校1年生程度の内容に取っていたため、「難しすぎる」というご意見も頂戴しました。そこで本書では数学の一番初めに立ち戻り、中学数学の全体を大人ならではの視点で捉え直しながら、数学の世界にどのように入って行けばよいのかを、そして中学数学から得られる数学的・論理的思考法のテクニックをお伝えしたいと思います。

大人にはわかる数学を学ぶ意味

数学に限ったことではありませんが、新しいことを学ぶときに大切なのは「イメージ」です。

そもそもある事柄が「わかる」とは、それを既知のものと結びつけることができて、自分の言葉で言い換えられることです。単に辻褄があってい

ることを確認できただけでは、わかったことにはなりません。学んだことを本当にわかったかどうかが知りたければ、
　「おばあちゃんにも理解できるように説明してあげられるか」
と自問してみてください。きっと、わかったつもりになっていただけのことが浮かび上がってくると思います。
　相手の理解のレベルに合わせて言葉を選び、噛み砕いて説明できるためには、対象を一面的に理解するだけでは不十分です。数学で言えば、無味乾燥な数式の羅列や幾何学模様は、別の視点からみたイメージを添えてあげることではじめて生きた意味を持つようになります。そして、この「生きた意味」によって実現する立体的な理解こそが自分の言葉で言い換える際には必要であり、これによって公式や解法の奥に潜む本当の意味もつかむことができるのです。
　数学を、単なる暗記科目として何の役にも立たないものに成り下げてしまうか、生きるためのかけがえのない知恵に化けさせるかの分かれ道もまさにここにあります。

　ではどうすれば豊かなイメージとともに数学を学ぶことができるのでしょうか？　それを可能にするのは、豊富な語彙と人生経験です。この点において大人は圧倒的に有利です。
　当然、大人に比べると中学生は語彙も人生経験も不足しています。そこで本来は教師が具体的なイメージを付け加えてあげることで、数学に息吹を与えてあげることが必要なのですが、そういう先生は必ずしも多くありません。結果として、多くの中学生にとって数学がどんどん実生活からかけ離れたものになっていき、学べば学ぶほどチンプンカンプンな、拷問のような科目になってしまっているのは本当に残念なことです。
　一方、大人は長く生きている分だけ多くの語彙を持ち、知らず知らずのうちに豊かな人生経験を積んでいます。いわば、数学の勉強に欠かせないイメージ力を自然と育んでいるのです。

　大人が数学を学び直す際の利点はこれだけではありません。大人のさら

なるアドバンテージは、何よりも「一度やった」ということです。当時どんなに数学が苦手だったとしても、文字を使って計算をする方法やマイナスの数のことについての記憶はいくらかは残っている人がほとんどではないでしょうか？　また全体のボリュームに対するイメージもある程度は持っていると思います。これが強みなのです。初めて数学を学ぶ中学生にとっては文科省の定めるカリキュラム通りに学ばざるを得ない部分もあるかと思いますが、一度やったことのある我々は全体を大胆に再編成することができます。

　本書の柱もまさにこの「イメージ」と「再編成」です。

7つのテクニックの役割

　本書では中学数学の全単元をイメージを加えつつ再編成し、論理的に考える技術の習得に繋げていくために次の「7つのテクニック」を用意しました。

【7つのテクニック】
(1) 概念で理解する
(2) 本質を見抜く
(3) 合理的に解を導く
(4) 因果関係をおさえる
(5) 情報を増やす
(6) 他人を納得させる
(7) 部分から全体を捉える

　中学数学の中にはこれだけ論理的思考のヒントが隠されています。

　たとえば、中学2年生で習う「三角形の合同条件」なんて日常生活で使う場面はまるっきりありません（よね？）。数学の問題を解くことにしか使えないようなら、まさに典型的な「むだなこと」でしょう。でもこれが

「効率のよい情報の集め方」の一例だとしたら……？　そしてそれによって「見えない性質をあぶり出す」ことができるのならどうでしょう？　ちょっと「使えそう」ですよね。

　また、こうして再編成してみると、今まではバラバラで繋がっていなかった各単元の関係性が明らかになり、中学数学全体が1本の大樹のように感じられると思います。大きな体系をつかむことでそれぞれの単元への理解が深まり、学習のスピードも格段に上がります。

　「数学は役に立つものだ」
　「社会人には数学的思考法が必要だ」
などの文言を最近はよく聞くようになりましたが、数学が苦手な人にとっては、実際のところ数学がどんな風に役立つのかは、なかなか見えてこないのが実情だと思います。「7つのテクニック」はまさにそんな人のためにあります。
　ここで言う「テクニック」とは数学の問題を解くための裏ワザ的な方法のことではありません。「7つのテクニック」は、一見数学とはまるで関係のないような普段の生活や仕事にも応用できる、物事の捉え方・考え方・解決法です。本書を読み終えたとき、
　「数学って意外と役に立つんだなあ」
と思ってもらえれば、筆者としてこれ以上の喜びはありません。

10のアプローチと7つのテクニック

　私が前著『大人のための数学勉強法』で書いた「どんな問題も解ける10のアプローチ」は高校数学に出てくる約700もの典型的な解法の多くに共通する数学の根本的な考え方であり、「数学ができる人はどのように考えて問題を解いているのか」ということをできるだけ明文化したものです。ここではタイトルだけをご紹介します。

> 【10のアプローチ】
> （1） 次数を下げる
> （2） 周期性を見つける
> （3） 対称性を見つける
> （4） 逆を考える
> （5） 和よりも積を考える
> （6） 相対化する
> （7） 帰納的に思考実験する
> （8） 視覚化する
> （9） 同値変形を意識する
> （10） ゴールからスタートをたどる

　これらのアプローチを使えば、経験のない新傾向の問題を前にしてもその場で解法を編み出せるようになります。いわば、伝家の宝刀的な考え方であり、ゴルフに喩えるならさまざまなコースを攻略するための戦術のようなものです。
　ただし「10のアプローチ」は実戦的であるがゆえに、ある程度の準備ができていることが前提になっています。ゴルフのコーチがコース上で、
　「こういうときは5番アイアンを使いましょう」
と言うときには、相手が5番アイアンを使えることを期待しているのと同じです。

　これに対し「7つのテクニック」は、「10のアプローチ」を使いこなすために必要な基本です。上の喩えで言えば、それぞれのゴルフクラブの使い方や素振りの「型」を解説するものです。
　これらの7つのテクニックを身につけてもらえれば、10のアプローチをスムーズに使いこなせるようになると思いますし、何よりも数学と仲良くなれます。
　数学が苦手な人にとっては、数式や図形は何も語らぬ路傍の石と同じで

しょう。あってもなくても大差のない存在だと思います。でも本当は、**数学はきわめて雄弁な言葉**です。全宇宙の真理を語り尽くさんばかりの可能性を秘めています。「7つのテクニック」と「10のアプローチ」を持てば、そんな言語としての数学からたくさんのメッセージを受け取れるようになり、人類が有史以前から何千年も数学と向き合い、今もなおほぼすべての先進国で義務教育のカリキュラムに数学が組み込まれている本当の理由がわかってもらえるはずです。

序章　中学数学を勉強する前に知っておきたいこと

なぜ数学の勉強法を間違ってしまうのか

算数は結果、数学はプロセス

　同じ数式を扱っているのに、中学に入ると科目名が算数から数学に変わります。しかしそのことに疑問をもつ子供は多くありません。
　「大人になった、ということかな」
とわけのわからない理由で納得（？）して、ノリは算数のままで授業に入っていきます。私はこのことが数学の勉強法を間違う人を多く生んでしまう元凶だと思っています。

　繰り返しますが、**数学は算数とは似て非なるもの**です。大胆に言ってしまうと、算数では正しい結果を得ることに価値がおかれ、数学では結果そのものよりも、どうやってその結果に達したかのプロセスに価値がおかれます。すなわち**算数では計算の正確さが、数学では論理の正しさが求められている**のです。
　たとえば、23 × 15 のような計算を行ないたい場合、暗算が得意でない限り、ほとんどの人が（私も含めて）下記のような筆算をしますね。

$$\begin{array}{r} 23 \\ \times\ 15 \\ \hline 115 \\ 23 \\ \hline 345 \end{array}$$

　算数ではこの計算方法でなぜ正しい結果が得られるかを考えることはな

いと思います。小学生が「筆算を使うと正しく計算できる理由」を考えなくてはいけない場面はほとんどないでしょう。なぜなら答えが正しければそれでよいからです。23×15の計算を、算盤を習っている子供が算盤式の暗算で答えたとしても、あるいはちょっと知識のある子がインド式で計算したとしても、正しく「345」でありさえすればちゃんと点がもらえるはずです。

しかし筆算を数学として捉え直すと、この計算方法で正しい結果が得られる理由が求められます。数学が論理の正しさに重点をおいている以上「なんでこれで正しく計算できるの？」という質問に答えられる必要があるからです。

上の質問に答えるために、まずは私たちが通常使っている10進法について確認しておきましょう。特に断りがなければ、「23」と書かれている場合それは「10が2つと1が3つ」だという意味です。そんなの当たり前だ、と思われるかもしれませんが、じつは10進法は必ずしも「当たり前」ではありません。たとえば、古くはシュメールやバビロニアでは60進法が使われていましたし、現在もナイジェリアやネパールの一部の言語では12進法が使われています。

また単位系には10進法でないものも広く使われていて、たとえば1フィート＝12インチや時計は12進法ですし、1分が60秒であったり、1時間が60分であったりするのは60進法です。これらが10を基準としていないのは10より12や60のほうが、約数が多くいろいろな数で割ることができるからだと言われています……話がそれましたね m(_ _)m

……というわけで（話を戻します）10進法が使われている世界では、23は、

$$23 = 10 \times 2 + 1 \times 3 = 20 + 3$$

という意味です。これに、

$$15 = 10 \times 1 + 1 \times 5 = 10 + 5$$

を掛け算するわけですが、じつは先の筆算は23×15を、

序章　中学数学を勉強する前に知っておきたいこと

$23 \times 15 = (20 + 3) \times (10 + 5)$

と分解し、後に勉強する分配法則（91頁）を用いて、

$$(20 + 3) \times (10 + 5)$$

$3 \times 5 = 15$

$20 \times 5 = 100$

$3 \times 10 = 30$

$20 \times 10 = 200$

であることから、

```
     23
  ×  15
     15  ← 3 × 5
    100  ← 20 × 5
     30  ← 3 × 10
 +  200  ← 20 × 10
    345
```

と計算しているのを簡略化したものなのです。これが「筆算を使うと正しく計算できる理由」です。

　たかだか筆算で小難しい話になってしまいましたが、数学ではいつも、どうしてそのようにすると正しい答えが得られるのかを誰にでもわかるように論理的に示す必要があります。

　もう1つ例を出しましょう。有名な鶴亀算です。

> **問題**　鶴と亀があわせて8匹いて、その足の合計は20本です。鶴と亀はそれぞれ何匹いますか？

13

この問題の典型的な解法は次の通りです。
まず、8匹全部が鶴だとすると、足の数は、
8 × 2 = 16
より 16 本となります。

しかし、これは問題文にある 20 本に対して 4 本少ないです。一方、鶴1羽と亀1匹を交換すると足の数は 2 本増えます。4 本の差を交換によって補いたいので、
4 ÷ 2 = 2
より、鶴 2 羽と亀 2 匹を交換すればよいことがわかります。

よって、
8 − 2 = 6
0 + 2 = 2
から、鶴は 6 羽、亀は 2 匹です。

鶴亀算は次のような面積図を用いた解法も一般的です。

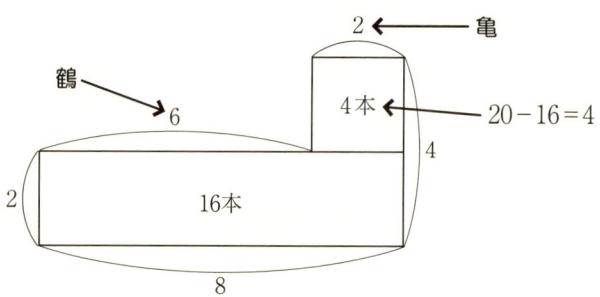

いかがでしたか？ 覚えていましたか？ でも、ここでは鶴亀算を覚えていたかどうかはどうでもよいことです。問題は、算数で小学生がこの方法を習うとき、多くの場合「なぜこのようにすると解けるのか」を考えていないことです。

もちろん小学校や塾の先生の中には算数の授業の中で「なぜこうすると解けるのか」を熱心に教える先生もいらっしゃると思います。そういう先

序章　中学数学を勉強する前に知っておきたいこと

生は最初に極端な例（全部鶴だと考える）を想定してから実際の事例に沿うように補正していくという考え方の応用性にまで話が及ぶ授業をされていることでしょう。

　ただしこの場合、先生は算数を通して「数学」を教えていると言っても過言ではありません。算数を算数として、あるいは中学受験を突破するための技術として教えるのであれば、「こういう問題はこういう風に解くんだぞ」と教え、生徒が典型的な問題を典型的な解法で解けるようになれば、そしてほんの少し応用ができれば、それで十分です。

　ちなみに小中高一貫校に通わせてもらっていた私自身は鶴亀算を習いませんでした。なぜならこういった特殊算を使って解く問題はすべて、中学数学で学ぶ方程式によって解くことができるからです（詳しくは第3章「合理的に解を導く」でお話します）。

> では、なぜ特殊算を学ぶ必要があるのでしょうか？　おそらくそれは、特殊算を用いるような問題でなければ中学入試で生徒の能力を差別化できないからだと思います（私は、中学入試は専門外ですのであくまで推測ですが）。また、中学入試でも一部の上位校では典型的な解法で解くことを想定された問題だけではなく、「考える力」を試す問題が出題され、数学に繋がる素養が測られているようです。

掛け算の順序問題はなぜ起きたか？

　「掛け算の順序問題」というのをご存知でしょうか？　1972年の朝日新聞の記事に端を発したこの問題は未だに完全には解決しておらず、2011年の年末にも、ITmediaオルタナティブブロガーの白川克さんが投稿したエントリー「6×8は正解でも8×6はバッテン？　あるいは算数のガラパゴス性」をきっかけとしてネットを中心に大きな議論になりました。

　1972年の朝日新聞に掲載された問題の概要は次の通りです。

序章　中学数学を勉強する前に知っておきたいこと

> 「6人の子供に1人4個ずつみかんをあたえたい。みかんはいくつあればよいでしょうか？」という問題がテストに出題された。
> この問題に対して、小学校2年生の生徒が
> $$6 \times 4 = 24$$
> と書いたら、式に×（バツ）が付けられて、
> $$4 \times 6 = 24$$
> に直されて返却された。これに憤慨した父兄と学校との間で学校教育のあり方についての議論が起きている……

　この話は大人が一見すると誰しも「なんて理不尽な」という感想を持つと思います。私もそうでした。掛け算には、

$$a \times b = b \times a$$

が成り立つという交換法則があるのですから「4×6」なら正解で「6×4」なら不正解だというのは腑に落ちません。
　ではなぜ、小学校の先生が掛け算の順序にこだわるのでしょうか？　それは、文章題における掛け算では、

「1つあたりの量」×「いくつ分」

のように考えるべきだという、いわゆる「水道方式」を生徒に守らせようとしているからです（上の例では「1つあたりの量」＝「4個／人」、「いくつ分」＝「6人」になります）。

> 「水道方式」とは1950年代後半に、当時の東工大教授であった故遠山啓氏が考案した算数・数学教育法のことです。掛け算の順序について上のように考えるのは、これに慣れておけば、将来「×0」、「×小数」、「×分数」などにおいて子供が混乱することが少なくなるだろうということと、数をひとかたまりの「量」として捉えさせ、同時に単位を意識させるきっかけにしたいというのがその根拠のようです。

　水道方式の是非についてここで議論することはしません。問題はどうし

て大人には理不尽に思える採点方法が小学校の現場に残り続けているかということです。繰り返しになりますが、算数ではやり方を覚えてそれを正確に再現できるようになることに主眼がおかれています。この観点からすると授業で教えた立式の方法が、

「1つあたりの量」×「いくつ分」

である以上、それを守れない子供には点数をあげられないというわけです。そこには「なぜそのようにすると答えが得られるのか」という議論は抜け落ちていますし、論理が正しければ道筋がいかようであってもきちんと点数がもらえる数学とは大いに違うところです。

　もちろん私個人としては、算数においてもできるだけ「なぜそうすると解けるのか」を生徒に考えさせ、論理的であることの大切さを感じてもらえるような授業が展開されることを願ってやみませんが、残念ながら現状は違うようです。

> この掛け算の順序問題をさらにややこしくしているのは、みかんを6人の子供にトランプを配るときのように1個ずつ配ると、4周で1人4個になることから、
> 「1つあたりの量」＝「6個/周」、「いくつ分」＝「4周」
> と考えれば、「6×4」であっても水道方式の式に合致してしまう点です。

　いずれにしても、そういう算数教育を受けてきた子供たちが、中学生になり数学の授業に入っていくわけです。公式を覚え、その「型」にはめこむことが数学であると勘違いしてしまうのも無理のない話かもしれません。

算数は生活能力、数学は解決能力

　先の「掛け算の順序問題」は極端な例になってしまっていると思いますが、筆算や鶴亀算に代表されるように、算数では教えられた型に従って早く正確に答えの出せる子供が成績優秀になります。
　なぜならそもそも算数は生活に必要な能力を磨くためのものだからで

す。特殊算は中学受験における差別化のためのものだとしても、筆算や分数、割合、比、面積、濃度、平均……などに関する知識と理解が社会生活を送るうえで必須であることは大人の皆さんが御存知の通りです。
「今日は3割引だよ！」
「ポイント還元20％！」
「この土地は坪単価80万円です」
「本日の日経平均の終値は12,435円です」
などなど……。これらの言葉の意味が（できれば瞬時に）わかるかどうかは生活に直接影響してきます。
　以上の理由から算数では、

やり方を覚える
↓
反復練習を行なってスピード上げる

という勉強法が中心になりますし、それが効果的であることも否定しません。

　でも数学は違います。またも少々語弊があるかも知れませんが、数学は生活のために学ぶものではありません。数学は物事を論理的に考えられるようになるために学ぶものであり、未知の問題を解決する能力を磨く学問です。ここが「見たことがあるパターンの問題を解ける力」を求めている算数との決定的な違いであると私は思います。目的がまるで違うのですから算数と数学では勉強法が異なるのは当たり前なのです。

　6年間算数の勉強に慣れてきた子供が数学の教科書を見たとき、そこに例題があって、解法が枠線で囲まれて強調されていると、ついつい算数と同じノリで「こういう問題はこういう風に解くべし！」という解法パターンの暗記に陥ってしまいます。しかし、数学の場合はその1つの解法から広範囲に通用する問題解決のための方法論を抽出できなければ意味が

ありません。いくら類題を解法に当てはめて解いたとしても、未知の問題を解けるようにはならないからです。

MITメディアラボ所長の伊藤穰一氏があるインタビューの中で次のように話されていました。

"世界の変化のスピードがこれだけ速くなると、〈地図〉はもはや役に立たない。必要なのは〈コンパス〉です。そして素直で謙虚でありながら権威を疑うことなのです。"

現代社会においては、決まりきったことを決まりきった方法で行なうルーティンワークがこなせることは高く評価されません。なぜならそのような作業は多くの場合、コンピュータを使って自動化することができるからです。あるいは人の力が必要な場合でも、典型的な事例を典型的に処理することはマニュアル化できますので、安い賃金で得られる労働力に任せられてしまいます。

その一方で、現実の社会では次から次と新しい問題が目の前にやってきます。この新しい問題を解決する力こそが私たちには必要なのです。未知の問題の解決に向けての指針、伊藤氏の喩（たと）えで言えば「コンパス」を持つことが、変化の速い現代社会ではなお一層求められてきています。そして<u>これは数学を学ぶうえで目標とすべきところに完全に一致</u>しています。

ではどのように数学を勉強したら論理力を磨き、未知の問題を解決する能力を育むことができるのでしょうか？

その1つの答えとして私は前著『大人のための数学勉強法』の中で、算数とは違う数学の勉強のコツを書きました。これまでの指導経験で得たノウハウを結集したものです。どうぞ買って読んでください……というのは、あんまりなので（あ、でもご興味のある方はぜひお読みください！）、次節では前著に書いた数学の勉強法を（紙面の都合上ダイジェスト版で）ご紹介します。

数学勉強法ダイジェスト

暗記をしない

　数学の勉強のコツを一言で言ってしまえばそれは暗記をしないことです。人は何かを暗記しようとすると「なぜそうなるのか」ということを考えなくなってしまいます。論理力は定理や公式、解法の丸暗記では決して育むことができません。公式や解法を覚えてそれを当てはめて問題を解くという「勉強」は数学を学ぶうえで最も悪い方法だと私は思います。

　なぜなら丸暗記勉強法（？）によって、難しいことやわからないことがある度に「なんだかわからないけれど覚えてしまえばいいや」と逃げる癖がついてしまうことは論理力の育成を大いに阻むからです。数学において丸暗記は百害あって一利なしなのです。

　もちろんこれは「覚えない」ことそれ自体に意味があるのではありません。新しく習ったこと、勉強したことを理解するときに、覚えないですむ方法を「考える」ことにその本質があります。新しく習ったことを覚えないですませるためには、そこにある「物語」をつかみ、意味を捉える必要があります。それができれば数学はあなたにとって知識ではなく知恵となり、あなたの中に永遠に残るものとなるでしょう。

「なぜ?」を増やす

　数学を学ぶ目的が未知の問題を解けるようになることである以上、既存の典型的な問題を典型的な方法で解けることは、それだけでは何の足しにもなりません。大切なことは典型的な問題の典型的な解法から、どんな問

題にも通じるような問題解決のためのテクニックやアプローチの方法を抽出すること**です。ここで読者の皆さんにとって厄介なのは、その重要なテクニックやアプローチの方法は、定理・公式の結果やでき上がった解法には表れづらい、ということです。

　私はこれまで何度か問題集の解答を執筆したことがありますが、依頼を受ける際には出版社の方から「○○ページで」とか、厳しいときには「○○行で」という制約がつくのが普通です。これは紙面の都合上仕方のないことですが、限られたスペースに書くことになるため、いきおい解答がエッセンスだけを集めたようなものになりがちです。結果としてできあがった「解答」はその問題がわからない人からすると、とてもヒラメキに満ちたものに思えるでしょうし、
　「こんなことは到底思いつきそうもない」
と数学の才能がないと落胆させてしまったり、あるいは、
　「こういう風に解くものと決まっているんだな」
と解法の暗記に走らせてしまったりする元凶になっているかもしれません。

　しかし、本当は印刷された解答の行間には泥臭い思考の過程があります。ですから、教科書や問題集の解答を読むときには、**詩を読むような感覚で「行間」に注目することが大切**です。解答者がどのように発想して、どのようにその解答に辿り着いたかを想像するのです。
　数学において解答の「行間」を読むことを意識せざるを得なくなる魔法の言葉があります。それが、
　「なぜだろう？」
です。
　「なぜこのような式変形を思いつくのだろう」
　「なぜここに補助線を引くのだろう」
などと何度も何度も自問してください。「なぜ？」という疑問が増えていくことに不安を感じる必要はありません。今まで算数のノリで丸暗記して

きたものに改めて疑問を投げかけることで、本当に大切なこと、すなわち解答のプロセスに隠された数学的な考え方が見えてきます。そうなればきっと、今まではヒラメキに満ち、自分とは縁遠いものに感じられた解答がぐっと身近なものに感じられるはずです。

意味付けをする

　突然ですが、あなたが「豚肉、玉ねぎ、人参、じゃがいも、ローリエ、リンゴ、蜂蜜」の買い物を頼まれたとします。しかし運悪くあなたはメモ帳もスマホも持っていませんでした。さあ、どうやってこれらの買い物を覚えますか？　ちょっと自信ないですよね。私だったら少なくとも1つか2つは忘れる自信があります（笑）。
　しかし、これらがカレーの材料であることがわかったらどうでしょう？
　カレーを作ったことがある人ならきっと、頭の中でレシピを思い浮かべて（あるいは売り場にあるカレー・ルーのパッケージの裏を見てもいいですね）、ほぼ完璧に買ってくることができるのではないでしょうか？　一見、バラバラに見えた食材たちに「カレーの材料」という意味を付けてあげることで、途端に繋がりが見えて頭に入りやすくなると思います。

　勉強も同じです。自分にとって意味があるものはなかなか忘れないものです。逆に言えば意味のわからないものは何度やってもすぐに忘れてしまうでしょう。新しいことを学んだら必ずその「意味」を考えるようにしてください。1つ1つの定理・公式・解法にしっかりと意味を付けていくこと。そしてできればすでに学んだ他の定理や解法と結び付けられないかと考えること……これらは知識を忘れないものにするだけではなく、本質をつかみとるきっかけにもなります。

定理や公式の証明をする

　定理や公式は問題を解く際に便利なものではありますが、結果そのもの

には本質はありません。ここまで繰り返し述べてきたように、数学の本質はいつもプロセスにあります。定理や公式においてはそれらがどのように導かれたものであるかが結果よりも遥かに重要なのです。

　中学・高校の数学で私たちが学ぶ定理や公式には、およそ5000年にもわたる数学の歴史の中で、最も重要でかつ最もエレガントなものが集約されています。いわば各時代で最も数学ができた天才たちの叡智の結晶です。そしてその叡智の本質は証明のプロセスにこそあるのです。

　数学の力とは論理力のことであり、論理力とは石を1つ1つ積み上げるかのごとく物事を考えることができる力を言います。決して何かをヒラメク力のことではありません。未知の問題を解くときには、いつヒラメクかどうかもわからない突発的なアイディアを待つのではなく、いつでも答えに向かって一歩一歩進んでいけることが重要です。

　そうは言っても最初からそんなことはできませんよね。お手本がほしいところです。そこで過去の数学の天才たちが遺してくれた定理や公式の証明に、理想的な論理の積み上げ方を学ぶのです。私たちにとってこの天才たち以上の「先生」はいません。天才たちがどのようなところに目をつけ、どのように発想していったかを白紙に完璧に再現できるようになるまで、何度も定理と公式の証明に取り組んでみてください。

　ついにその証明が自力でできるようになったとき、あなたは自分が賢くなったように感じることでしょう。それは勘違いではありません。そのときあなたは本当にワンランク上の数学の力を身につけています（私が保証します！）。

「聞く→考える→教える」の3ステップ

　孔子は『論語』の中で次のように言っています。

　"黙してこれを識し、学びて厭わず、人を教えて倦まず。"
　（黙って物事を知る。勉強に飽きることがない。人に教えて嫌になるこ

序章　中学数学を勉強する前に知っておきたいこと

ともない。）

　ここで言っているのは「聞く→考える→教える」が学びの基本姿勢だということです。新しいことを学ぶときに大切なのは、まずできるだけ先入観を捨てて話を聞く（読む）ことです。このときに「こんなの簡単」と思うことも「うわあ難しそう」と思うことも、あなたの学びを邪魔します。まずは素直にまっさらな気持ちで新しいことを吸収しましょう。

　次に、その新しいことに対して前述の通り「なぜだろう？」とたくさん疑問を作ってください。そしてその１つ１つをじっくりと考えます……多くの人はここまでで勉強を終えてしまいます。新しい話を聞き、それに関してじっくり考えて疑問のほとんどが解けたとき「わかった！」と満足してしまうのです。

　でも一番重要なのはじつはこの次です。今度は自分がいま「わかった」と思ったことをそれを知らない他の人に教えてみましょう。そうすると、必ず自分の理解が不十分であったところが浮き彫りになります。よく言われることですが、==教えることは最高の学び==です。

[以上の数学勉強法の詳細や具体例については前著『大人のための数学勉強法』をご覧いただければ幸いです。]

　ただし！　私の経験上、数学を数学として教えるだけでは相手がよほどの数学好きでもない限り、話を最後まで聞いてもらえません。ひどいときには数式を持ちだしただけで眉をひそめられてしまうことも……そんなときあなたはきっと自分の理解が一面的であることに気づき、残念に思うことでしょう。

　本書の「７つテクニック」から得られるイメージは、誰かに数学を教えるときにも大きな力を発揮します。教えることを最高の学びにするためには、そして聞いてくれる相手の好奇心をくすぐってあげるためには、ただ単に公式や定理や解き方を教えるだけでは不十分です。どうぞ==身近なイメージをつけてあげる==ことを忘れないでください。

少々長くなってしまいましたが、序章はこれくらいにしておきましょう。さあ、いよいよ中学数学の扉を開けます。大人のあなたにはテストはありません（おそらく）。先生が「テストに出すぞ～」と言った問題の解法を覚えて、それをあてはめるだけの無意味な反復作業をする必要はないのです。どうぞ、学生の頃より少し高い目線になっている自分を感じながら、興味の赴くままに本書を読み進めてください。
「あ～そういうことだったんだ！」
と納得・発見してもらえることが随所にあると思います。そして今度こそ数学が語りかけてくれる言葉に耳を傾け、数学に生きる知恵を教えてもらいましょう！

第 1 章

テクニック・その1
概念で理解する

概念で理解するには

> **ポイント**　・新しいコンセプトを導入する。
> 　　　　　　・バラバラに分解する。

　19世紀の数学者クロネッカーは、
"自然数は神に由来し、他のすべては人間の産物である。"
と言ったそうです。自然数とは「1、2、3…」という正の整数のことで、古来より人間がものを数えるときに"自然"に使ってきた数のことです。

> 最近の研究によると、イルカやサルや鳩もこうしたものを数えるための数（自然数）が使えるそうです。

　社会が生まれ文明が発達すると、ものを数えるための自然数以外にもさまざまな数が必要になってきます。そこで最初に人間が創った数は**分数**でした。たとえば親から譲りうけた土地を3人兄弟で分けるときには、

　　長男は$\frac{1}{2}$の土地、次男は$\frac{1}{3}$の土地と家畜、三男は$\frac{1}{6}$の土地と家屋

などという風に分ける必要がでてくるというのは想像に難くありません。実際、古代エジプトの象形文字には分数の表記が見つかっています。

　人類は分数を作ったとき、数に初めて概念（コンセプト）を持ち込みました。分数というのは、

> 1個をn等分したときの1つを$\dfrac{1}{n}$と表す

という共通概念があって初めて成り立つ「数」です。イルカや猿が分数を（おそらく）理解できないのは、そこに概念が必要だからです。

その後5～6世紀頃に「数としての0」がインドで生まれました。もちろんこの「0」を数として扱うにも、やはりコンセプトをしっかりと定める必要があります。

> 「1204」の「0」のような位取りのための「0」はもっと以前、メソポタミア文明やマヤ文明にもありましたが、この頃は「0」は数としては扱われていませんでした。

中学数学では、負の数と無理数という2つの新しい「数」を学びます。これは分数や0よりも、もっと高度なコンセプトを導入することによって生まれた数です。

一方、人間はコンセプトのない時代から使っていた「自然数」についても、その性質を明らかにするために素因数分解という考え方を持ち込みます。数にもその「素（もと）」があるはずだというコンセプトのもとに、数をバラバラに分解することで違う数どうしに何が共通し、何が違うかをはっきりさせる術を得ました。

目の前にある実体をただそのままに受け取るだけでは、なかなかその奥にある真理は見えてきません。しかし対象を、概念を通して見ることができれば、手の届かない深遠なる世界にも思考を巡らせることができます。知力とは「概念力」のことだと私は思います。概念を生み出し、概念を深めることによって、私たちは世界をより理解することができるのです。数学の歴史は概念の歴史であると言っても過言ではありません。

負の数（中学1年生）

数に「方向」を考える

　私たちが普段の生活で目にする「負の数」として一般的なものに「温度」があります。天気予報で「明日の札幌の最低気温は−3℃でしょう」と耳にしたり、温度計の目盛りにも、

のように「−」のついた「負の数」を見つけたりすると思います。この温度計を横に倒したような、数の目盛りがついた直線を 数直線 と言います。

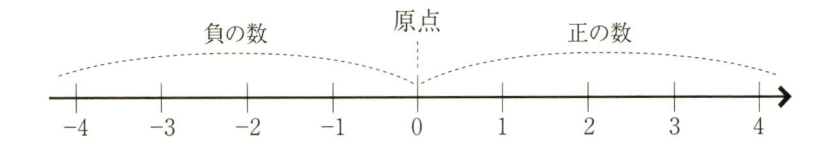

　数直線上の0の位置を原点、0より正の方向にある数を正の数、正の反

対方向にある数を負の数と言います。つまり、==負の数とは正の数とは逆の方向に進む数==です。

　負の数は「借金」の量を把握するために7世紀にインドで生まれたと言われています。インドでは正の数を「財産」、負の数を「借金」と呼んだそうです。

　たとえば100万円の借金があることは「－100万円の財産がある」と表すことができます。これは財産があることに対して、借金があることは反対の意味だからですね。他にも負の数を使うと、

　　私より身長が10cm低い　⇒　私より身長が－10cm高い
　　東に2km進む　⇒　西に－2km進む
　　体重が10kg増えた　⇒　体重が－10kg減った

などと表すことができます。負の数を使った表現は不自然な感じがするかもしれませんが、負の数を使った表現ができるようになれば、物事を通常とは逆の方向から見られるようになります。これは物事をいろいろな角度から見る基礎的な訓練にもなります。

「0」が空（empty）から均衡（balance）に変わる

　負の数の登場によって、反対の意味の事柄を1つの概念の中で捉えることができるようになりました。たとえば、商売である月に300万円の利益と100万円の損失があったとします。負の数を使うことが許されないと、利益と損失という2つの概念を考えなくてはならないので、月毎に損益が逆転するような場合には計算が煩雑になってしまいそうです。しかし、100万円の損失を「－100万円の利益」と捉えることができれば、利益を正の方向として、損益分岐点を原点とした一本の数直線の中で売上や損益を議論することができます。

　このように==正反対の概念を1つの概念の中で考えられる==のは負の数を使う大きな利点です。

しかもこのように考えると「0」は単に「空（empty）」という意味ではなく、「正の数」と「負の数」が同じだけ存在している状態、すなわち<u>均衡（balance）を表している</u>と考えることもできます。

この考え方は物理における力の釣り合いや、化学における陽イオンと陰イオンの反応などの考え方に通じます。

たとえば地球のまわりを回る人工衛星が地球に対して静止していられるのは人工衛星に力が働いていないからではなく、人工衛星に働く万有引力と遠心力が釣り合っているからです。

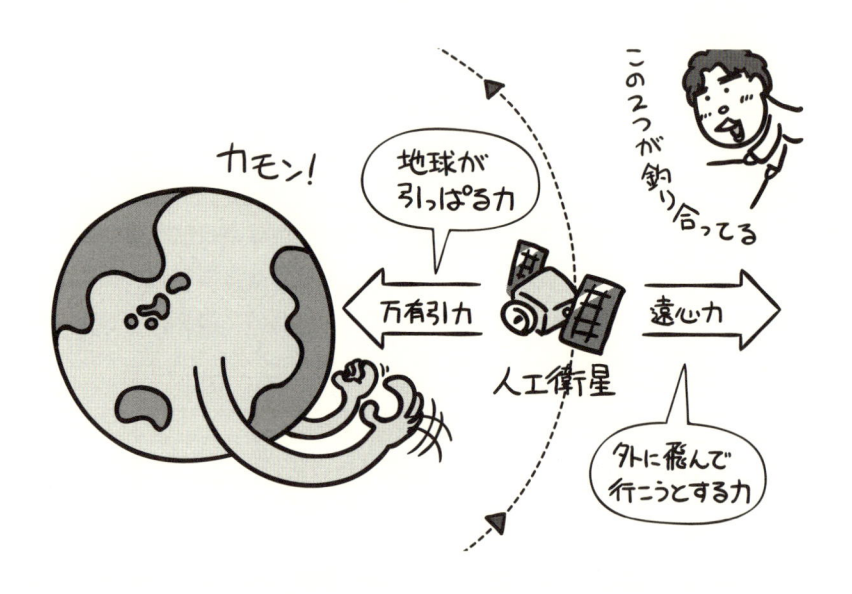

また20世紀後半の東西冷戦も表立った武力衝突こそなかったものの、資本主義・自由主義陣営と、共産主義・社会主義陣営の力が均衡していたために起きた緊張状態でした。

負の数を通して「0」を「中央の数」と捉えることで、一見何も起きていないように見える現象の中に、正反対の2つの力が釣り合っている可能性を考えられるようになります。それは物事の本質を見抜く眼力を養うと同時に、均衡による「0」が何かのきっかけで崩れた際の有事に備えることにも繋がるでしょう。

絶対値

　私たちは負の数によって数の方向性を意識できるようになりましたが、ときには方向を無視してその量だけに注目したいときもあります。そんなときに活躍するのが、絶対値です。絶対値というのは数直線上の原点からの距離を表しています。

絶対値の定義

　数直線上の原点からの距離を表す。一般に数aの絶対値は、

$$|a|$$

と表し、これを「絶対値a」と読む。

　絶対値は「距離」を表すので必ず正の値になります。

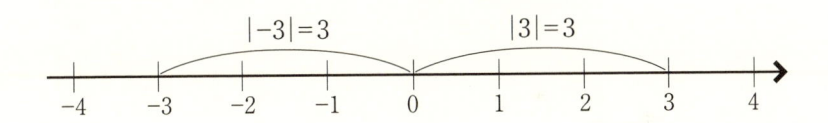

　たとえば、原点から「3」までの距離は3なので、

$$|3| = 3$$

原点から「−3」までの距離も3なので、

$$|-3| = 3$$

です。

　高校で習うベクトル的な表現で言えば、
「3」は

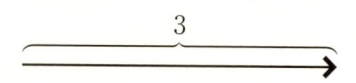

$$\xrightarrow{3}$$

という正の方向を向いた長さが3の矢印で、
「-3」は、

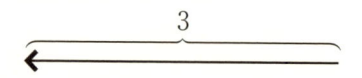

$$\xleftarrow{3}$$

という負の方向を向いたやはり長さが3の矢印を表していると考えることもできます。どちらの場合も、絶対値は矢印の方向は無視してその長さだけに注目した「量」（スカラーといいます）なので、正の値になります。

結果として正の数の絶対値はそのまま、負の数の絶対値は「-」が取れます。たったこれだけです。

（例）
　　　$|-10| = 10$　⇐「-10」は負の数なので「-」が取れる
　　　$|5| = 5$　⇐「5」は正の数なのでそのまま

負の数の足し算

では、いよいよ負の数を含んだ計算について見ていきましょう。話をわかりやすくするために、

正の数は財産

負の数は借金

だと考えてください。

手始めに

$$5 - 3 = 2$$

を考えます。もちろんこの計算は

「5万円の財産から3万円の財産を引くと、残りは2万円の財産」

と考えることもできますが、「3を引く」は「−3を足す」と同じなので、引き算は負の数の足し算と考えることもできます。

$$5 - 3 = 5 + (-3) = 2$$

と変形して、
　「5万円の財産と3万円の借金を精算すると2万円の財産」
と考えるわけです。
　ちなみに、

$$-5 - 3$$

の計算は「5万円の借金があるところにさらに3万円の借金があると計8万円の借金になる」と考えて、

$$\begin{aligned} -5 - 3 &= (-5) + (-3) \\ &= -(5 + 3) \\ &= -8 \end{aligned}$$

と計算することができます。

小さい数−大きい数

　次は小学校ではできなかった「小さい数−大きい数」を考えます。たとえば、

$$3 - 5$$

のような計算です。まず上と同じように 「引き算＝負の数の足し算」 と考えましょう。

$$3 - 5 = 3 + (-5)$$

と変形できますね。これは言葉で言うと、
　「3万円の財産と5万円の借金がある」

ということを表しています。そうなると全体では2万円の借金があるのと同じですが、「2万円の借金」は「−2万円の財産」と同じなので、

$$3 - 5 = 3 + (-5) = -2$$

と計算できることになります。

　財産と借金を比べて財産のほうが多ければ精算後は財産が残ります。反対に借金のほうが多ければ精算後も借金が残ります。これを、言葉を使った式におき換えると、

$$正の数(財産) + 負の数(借金) = \begin{cases} 正の数(財産が多いとき) \\ 負の数(借金が多いとき) \end{cases}$$

です（当たり前ですね）。

　正の数と負の数の足し算は、説明しようとするとやや煩雑になってしまうのですが、慣れてしまえば誰もがほとんど無意識のうちにできるようになります。そのためにはまず答えが正の数になるか負の数になるかを、すなわち答えの符号が「＋」か「−」かをはじめに決める必要があります。それができればあとは財産と借金の差（正確には2つの数の絶対値の差）を取るだけです。ここでいくつか例を挙げますので、慣れてしまってくださいね。

・借金のほうが多い例
　　$12 - 20 = 12 + (-20)$　　　　［借金のほうが多い！⇒符号は負］
　　　　　$= -(20 - 12)$　　　　　　［差を取る］
　　　　　$= -8$
　　$-8 + 2 = (-8) + (+2)$　　　　［借金のほうが多い！⇒符号は負］
　　　　　$= -(8 - 2)$　　　　　　　［差を取る］
　　　　　$= -6$

・財産のほうが多い例
- $-28 + 30 = (-28) + (+30)$　　［財産のほうが多い！⇒符号は正］
- 　　　　　　$= +(30 - 28)$　　　　［差を取る］
- 　　　　　　$= +2$　　　　　　　　［+2は単に2でもよい］

負の数の引き算

では3万円の財産を持っている人が5万円の借金を棒引きしてもらえたとしたら財産はどうなるでしょう？　そうですね、全体では8万円の財産になりますね。これを数式で表せば、「5万円の借金が棒引き」は「$-(-5)$」と考えられることから、

$$3 - (-5) = 8$$

とすることができそうです。これは、
　「5万円の借金が棒引きになる」＝「5万円の財産が増える」
と考えて、

$$3 - (-5) = 3 + (+5) = 8$$

としてよいことを示唆しています。つまり、

$$-(-5) = +(+5)$$

となるわけですね。このように**負の数を引くことは正の数を足すことと同じ**になります。

> 負の数の引き算＝正の数の足し算
> $-(-a) = +(+a)$

これを使うと、
　$-8 - (-10) = -8 + (+10)$　　　［負の数の引き算⇒正の数の足し算］

とすることができて、

$$-8-(-10) = -8+(+10)$$
$$= +(10-8)$$
$$= +2$$

となるわけです。

3つ以上の正負の足し算

次はもう少し複雑な場合の計算を考えてみますね。

$$-3+5-7+9$$

のような計算です。財産と借金を使って言葉にしてみると、最初に3万円の借金をして、5万円の財産が増えて、その後7万円の借金をして、最後に9万円の財産が増えた……ということですが、いかにもややこしいですね。こんなときは、増えた財産と借金をまとめてしまうのがコツです。

　　財産は5万円と9万円で14万円
　　借金は3万円と7万円で10万円

ですから正の数は正の数、負の数は負の数でまとめて、

$$-3+5-7+9 = 5+9-3-7$$
$$= 5+9+(-3)+(-7)$$
$$= (+14)+(-10)$$
$$= +(14-10)$$
$$= +4$$

のように計算していきます。

(−1)×(−1)＝＋1になる理由

次はいよいよ負の数の掛け算です。

$$(-1) \times (-1) = +1$$

を知らない人はおそらくいないと思います。でも、これをちゃんと説明できる人は多くありません。ここでは負の数が、正の数とは反対の方向を持った数であることに注目して理解していきましょう。次のような喩えで考えてみます。

電気代の毎月の支払いが1万円だとします。毎月月末にこれを支払うと貯金は−1万円になりますね（便宜上、毎月の収入はないものとします）。3ヶ月支払うとトータルで貯金額は3万円少なくなりますが、これを計算式で表すと、

$$(-1万円) \times 3ヶ月 = -3万円$$

となります。すなわち、

$$(-1) \times 3 = -3 \quad [(-1) \times 正の数 = 負の数]$$

です。

では、1ヶ月前はどうでしょう？　ここで、1ヶ月前は「−1ヶ月後」と考えることにして「−1ヶ月後」の貯金額を先ほどと同じように計算で求めようとすると、計算式は、

$$(-1万円) \times (-1ヵ月)$$

となりますね。1ヶ月前は電気代の支払いが今より1ヶ月分（＝1万円）少ないのですから、貯金額は今より1万円多いはずです。したがって、答えは＋1万円になります。

つまり、先ほどの計算は、

$$(-1万円) \times (-1ヵ月) = +1万円$$

となるわけです。
　すなわち、

$$(-1) \times (-1) = +1$$

です＼(^o^)／！

　もちろん、3ヶ月前（＝－3ヶ月後）の貯金額を計算で求めるならば、

$$(-1万円) \times (-3ヵ月) = +3万円$$

となり、3ヶ月前の貯金は電気代3か月分だけ多い（＝＋3万円）ことがわかります。

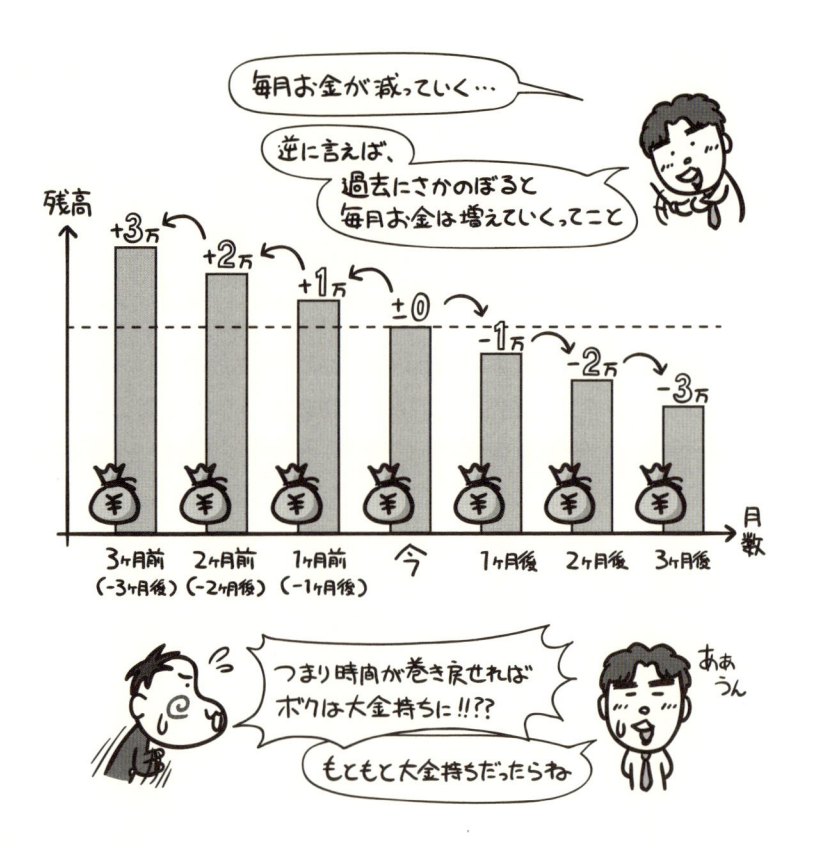

毎月お金が減っていく…

逆に言えば、過去にさかのぼると毎月お金は増えていく、ってこと

残高
+3万　+2万　+1万　±0　-1万　-2万　-3万

3ヶ月前　2ヶ月前　1ヶ月前　今　1ヶ月後　2ヶ月後　3ヶ月後
（-3ヶ月後）（-2ヶ月後）（-1ヶ月後）

月数

つまり時間が巻き戻せればボクは大金持ちに!!??

もともと大金持ちだったらね

あぁうん

繰り返しますがこの説明のキモは、数に方向性を持たせていることです。時間に関しては、時間の進む向きを正として、○ヶ月前を「−○カ月後」、貯金額に関しては、増える方向を正として、○万円減ることを「−○万円」としています。このように数の方向性を考えることで、

$$(-1) \times (-1) = +1$$

は理解できると思います。

負の数の掛け算と割り算

$$(-1) \times 正の数 = 負の数$$
$$(-1) \times (-1) = +1$$

であることがわかれば、もうあとは難しくありません。たとえば、

$$(-3) \times (-5)$$

のような計算は、

$(-3) \times (-5) = (-1) \times 3 \times (-1) \times 5$ ［負の数＝(−1)×正の数］
$\qquad = (-1) \times (-1) \times 3 \times 5$
　　　　　　　　　　［掛け算は計算の順序を変えてもよい］
$\qquad = (+1) \times 3 \times 5$
$\qquad = +15$ ［単に15と書いてもよい］

と計算できます。同様に、

$$(-2) \times (-3) \times (-4)$$

は

$$(-2) \times (-3) \times (-4) = (-1) \times 2 \times (-1) \times 3 \times (-1) \times 4$$
$$= (-1) \times (-1) \times (-1) \times 2 \times 3 \times 4$$
$$= (-1) \times (+1) \times 2 \times 3 \times 4$$
$$= (-1) \times 2 \times 3 \times 4$$
$$= (-1) \times 24$$
$$= -24$$

と求めることができます。でも、いちいちこんな風に考えるのは面倒ですよね。そこで今後は、負の数を2つ掛けると正の数になることに注目して、

> **負の数の掛け算**
> $\begin{cases} 負の数が偶数個……正の数 \\ 負の数が奇数個……負の数 \end{cases}$

と**最初に決める**ことにしましょう。そうしたらあとは符号を無視して計算します。

こう考えると、

$$(-3) \times (-5) \quad や \quad (-2) \times (-3) \times (-4)$$

は、

$$(-3) \times (-5) = +(3 \times 5) \quad [負の数が2つなので符号は正]$$
$$= +15$$
$$(-2) \times (-3) \times (-4) = -(2 \times 3 \times 4) \quad [負の数が3つなので符号は負]$$
$$= -24$$

とできます。随分短縮できましたね。これで負の数の計算は終わりです。

「あれ？　割り算は？」と思ったかもしれませんが、**割り算は逆数の掛け算**と考えましょう。

すなわち、

$$16 \div (-2)$$

のような計算は、

$$16 \div (-2) = 16 \div \left(-\frac{2}{1}\right)$$
$$= 16 \times \left(-\frac{1}{2}\right) \quad \left[a \div \frac{c}{b} = a \times \frac{b}{c}\right]$$
$$= -\left(16 \times \frac{1}{2}\right)$$
$$= -8$$

として求めることができます。

素数（中学3年生）

数にも「素(もと)」がある

　2012年の7月、「ヒッグス粒子とみられる粒子発見！」のニュースが大きな話題になりました。なぜヒッグス粒子という耳慣れない名前の粒子の発見が世界中を賑わしたのでしょうか？

　それは、ヒッグス粒子が1960年代以降に存在が予言された17の素粒子のうち最後まで見つからなかった素粒子だからです。もしヒッグス粒子が存在しないことになってしまうと、現在考えられている「標準モデル」は正しくないということになってしまいますので大問題になるところでした。つまり今回の発見は50年かけて発展してきた素粒子物理学を完成させる、「世紀の大発見」だったというわけです。

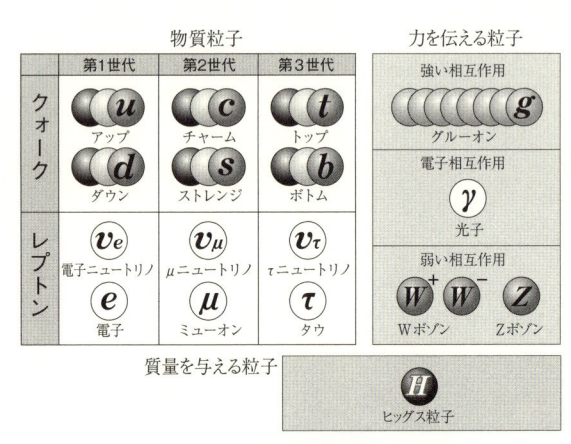

		物質粒子			力を伝える粒子	
		第1世代	第2世代	第3世代	強い相互作用	
クォーク		u アップ	c チャーム	t トップ	g グルーオン	
		d ダウン	s ストレンジ	b ボトム	電子相互作用	
					γ 光子	
レプトン		νe 電子ニュートリノ	$\nu \mu$ μニュートリノ	$\nu \tau$ τニュートリノ	弱い相互作用	
		e 電子	μ ミューオン	τ タウ	W^+ Wボソン W^-	Z Zボソン
質量を与える粒子				H ヒッグス粒子		

現在の素粒子像「標準模型」の世界
出所：キッズサイエンティスト（高エネルギー加速器研究機構）を元に著者作成

素粒子（elementary particle）とは簡単に言えば、これ以上分割できない粒子のことです。世の中のすべての物質はこの17種類の素粒子の組み合わせによってできています。素粒子は万物の素です。そこに科学者のみならず、多くの人が知的好奇心をくすぐられます（よね？）。

古来より人間は万物の根源を知りたがってきました。たとえば日本人はそれを風・火・土・金・水の「五元」であるとしましたし、中国では木・火・土・金・水の「五行」という概念で森羅万象を説こうとしました。他でもインドでは風・火・地・水・空の「五大」を、古代ギリシャでは、風・火・土・水の四大元素を物質の「素」であると考えていたようです。

万物の素を明らかにしようとするこのような精神は原子や分子の発見に繋がり、やがて科学者達は素粒子にまで分け入っていくことになります。

では、数にも素粒子のような「これ以上分割できない『素』」はあるのでしょうか？　あります！　それが「素数」です。まさに読んで字の如く数の素です。

素数は次のように定義されます。

> **素数の定義**
> 1と自分自身以外の約数を持たない2以上の自然数

具体的には、
$$2、3、5、7、11、13、17、19、$$
$$23、29、31、37、41、43、47\cdots$$
などが素数です。

素数に1が含まれない理由

ここで注意してほしいのは「1は素数に含まれない」ということです。なぜでしょうか？「そういう決まりだから」と言ってしまえばそれまで

ですが、ちゃんと理由があります。それは「**どんな数も素数に分解すると1通りに表される**」ようにしておきたいからです。もし1を素数に含めてしまうとある数を素数の積に分解したときに、

$$6 = 1 \times 2 \times 3$$
$$6 = 1 \times 1 \times 2 \times 3$$
$$6 = 1 \times 1 \times 1 \times 2 \times 3$$

と、何通りにも表せることになってしまいます。これでは素数に分解するやり方に無限通りの答えがあることになります。これを避けるために素数には1を含めないのです。こう書くと、

「何で『1通り』にこだわるの？」

という質問が出るかもしれませんね。素数に分解する方法が1通りであることは、ある数とその数を素数に分解する方法との間に「**1対1対応**」**が成立する**ことを意味します。素数に1を含めなければ6を素因数分解する方法は「2×3」しかなく、また「2×3」と素因数分解できる数は6しかありません。この対応関係が大事なのです。

「1対1対応」などと書くと難しそうな印象を持つかもしれませんが、たとえば学校の靴箱と自分の靴の関係や、ある野球チームの背番号と選手のような関係のことですから決して難しいものではありません。
「**1対1対応」が成立すると、ある事柄を別の表現で言ったり、別の側面から捉えたりすることができます。**

たとえば、

田中さんの靴箱に上履きがない
↓
田中さんはまだ学校内にいる

と推論できるのは田中さんの靴箱と田中さんの上履きが1対1に対応していて、なおかつ田中さんの上履きと田中さん自身も1対1に対応しているからです（田中さんはもう帰宅しているのに、誰かがイタズラして持って

いってしまったという可能性もありますが、それはまた別の話です)。
　このように論理的に推論をしていくうえで１対１対応であることは大変重要です。

> 詳しくは第４章の「因果関係をおさえる」のところに書きます。

素因数分解

　先ほどのようにある数を素数の積（掛け算）に分解することを素因数分解と言います。一応、言葉の定義を書いておきます。

因数：整数が自然数の積で表されるときのその１つ１つの数
素因数：素数である因数

素因数分解は次のような手順で行ないます。

> 素因数分解の手順
> 　1) 割り切れる素数で次々に割っていく
> 　2) 割った素数と最後に残った素数で積を作る

　素因数分解は割り算の筆算を上下逆さにしたような形で行なっていきます。実際にやってみましょう。

$$
\begin{array}{r}
2)\underline{24} \\
2)\underline{12} \\
2)\underline{6} \\
3
\end{array}
\quad
\begin{array}{l}
24 \div 2 = 12 \\
12 \div 2 = 6 \\
6 \div 2 = 3
\end{array}
$$

これで、

$$24 = 2 \times 2 \times 2 \times 3 = 2^3 \times 3$$

であることがわかりました。つまり、24は「2」が3つと「3」が1つに分解できるわけです。

　素因数分解ができるようになると、その数がどのような「部品」（因数）でできているのかがわかるようになります。それだけではありません。「部品」に注目すれば、違う数どうしが同じ性質を持っていることがわかったり、両者から作り出せる数の大きさを測れたりするようになります。次に学ぶ公約数や公倍数を通して、そんなイメージを膨らませていきましょう。

公約数は共通の「部品」

> 公約数の定義
> 　いくつかの整数に共通な約数

（例）12と40の場合
　12の約数：1、2、3、4、6、12
　40の約数：1、2、4、5、8、10、20、40

　ですから、12と40の公約数は、1、2、4の3つです。公約数のうち一番大きいものを最大公約数と言います。公約数は最大公約数の約数になっています……ここまでは算数のおさらいですね。

　ではこの公約数を、素因数分解を使って理解していきます。
　まず基本として、ある数を素因数分解したときに得られる因数（部品）の一部または全部を使ってできる数はある数の約数になることに注意しま

しょう。12は、

$$12 = \underline{2 \times 2} \times 3$$

と素因数分解できますが、たとえば「2」を1つと「3」を1つ使ってできる「6」は12の約数ですね。

このように「部品」に注目して12の約数を表にしてみると次のようになります。

【12（＝2×2×3）の約数】

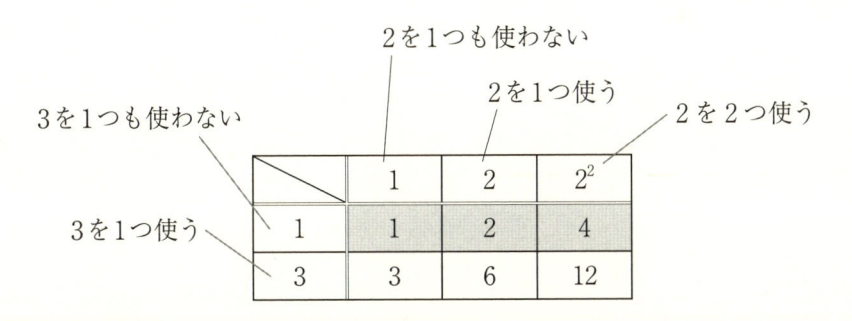

	1	2	2^2
1	1	2	4
3	3	6	12

- 2を1つも使わない
- 2を1つ使う
- 2を2つ使う
- 3を1つも使わない
- 3を1つ使う

同様に、

$$40 = \underline{2 \times 2 \times 2} \times 5$$

ですから、40の約数も表にすると、

【40（＝2×2×2×5）の約数】

	1	2	2^2	2^3
1	1	2	4	8
5	5	10	20	40

となります。この表でグレーの網掛けになっている数が両方に共通する「部品」（2×2）からできる数すなわち公約数です。共通の「部品」は素因数分解をすれば、自ずと明らかになります。

公倍数は「部品」の統合

> 公倍数の定義
> いくつかの整数に共通な倍数

（例）4と6の場合
　4の倍数：4、8、12、16、20、24、28、32、36、40、44、48…
　6の倍数：6、12、18、24、30、36、42、48、54……

　ですから、4と6の公倍数は12、24、36、48……と続いていきます。公倍数のうち一番小さいものを最小公倍数と言います。公倍数は最小公倍数の倍数になっています。以上が算数です。

　公倍数も素因数分解を使って理解しておきましょう。4と6をそれぞれ素因数分解すると、

$$4 = 2 \times 2$$
$$6 = 2 \times 3$$

ですね。このとき、両方に共通の素因数（2）に残りの素因数（2と3）を掛けたもの（2×2×3＝12）が最小公倍数になります。

　4と6の倍数を素因数分解して表にしてみると、「2×2×3」とその倍数が共通するのがわかります。

4の倍数	
4	2×2
8	2×2×2
12	2×2×3
16	2×2×2×2
20	2×2×5
24	2×2×3×2
28	2×2×7
32	2×2×2×2×2
36	2×2×3×3

6の倍数	
6	2×3
12	2×2×3
18	2×3×3
24	2×2×3×2
30	2×3×5
36	2×2×3×3
42	2×3×7

　最小公倍数はそれぞれに共通する部品（因数）と共通しない部品（因数）を統合して（掛けあわせて）できる数ですから、共通する部品が多ければ多いほど小さい数になります。たとえば、4と6の最小公倍数は12ですが、4と9の最小公倍数は、

$$4 = 2 \times 2$$
$$9 = 3 \times 3$$

で共通因数がないことから、

$$2 \times 2 \times 3 \times 3 = 36$$

で、12より随分大きくなります。

最大公約数は「弱い」？

　2つのアイディアがあるとき、それぞれに共通する部分が多ければ、それらを統合することはたやすいでしょう。ただし統合した結果得られるものはたかが知れています。しかし、双方に共通することが少ない場合には、

統合そのものは難しかったとしても、結果として大きな成果が得られます。

世に「革命」と言われる発想は凡人には考えつかないような、まるで共通項がないようなものの組み合わせによって生まれることが多いようです。一橋大学イノベーション研究センター教授の米倉誠一郎氏も「イノベーション（革新）とは新しい組み合わせだ」と話されています。米倉氏は「化粧品と男性（男性化粧品）」、「テープレコーダとヘッドフォン（ウォークマン）」、「夜とマーケット（ドン・キホーテ）」などを例として挙げておられますが、共通項が少なく思えるものを組み合わせることによって、人が驚くような大きな成果（価値）を作るというのは素因数分解による公倍数の考え方に通じます。

以前、テレビ番組であるワンマン企業の社長さんがなぜ合議制ではなく社長の独断なのかと問われて、
「最大公約数は弱い」
と発言されていたのが面白かったです。確かに違う要素のものを集めると、「最大公約数」はどんどん小さくなり、最後は「1」になってしまいます。これは会議で物事を決めていく際の最大の弱味だと私も思います。

チームで何かのプロジェクトを遂行しようとするとき、全員が安心し、満足している状態というのは実は危険な状態かもしれません。プロジェクトそのものが最大公約数的になっていて、成果が小さくなる可能性があるからです。

プロジェクトを大きく飛躍させるためには、全員に共通する最大公約数の上にそれぞれが独自に持っているアイディアなり、技術なりをいかに取り込めるかが鍵になると思います。

そのためには各々を「これ以上分割できない素」にまで分解することが有効だと、素因数分解は教えてくれています。物事の「素」を明らかにしようとすることは、一般には簡単ではありませんが、素を見つけようとすることは本質に目を向けるきっかけになるものですからぜひ諦めないで突き詰めてほしいと思います。

第1章　テクニック・その1　概念で理解する

　たかが公約数、公倍数と侮ることはできません。素因数分解を使って公約数や公倍数を求めることからは、異なるものに共通項を見つけ、統合の難しさや成果を測る技術が学べます。(^_-)-☆

　では、ここで高校の入試問題にチャレンジしてみましょう。最大公約数が共通の因数、最小公倍数が共通の因数とそれ以外の因数の積であることに注意です。

> **問題** 最大公約数が3で最小公倍数が210である2つの自然数がある。この2数の和が51であるとき、2数を求めなさい。
> ［青山学院高校］

【答え】
　2つの数のうち小さいほうをx、大きいほうをyとしましょう。($x \leq y$)
　最大公約数が3ということはx, yに共通する因数（部品）は3だけです。すなわち、

$$\begin{cases} x = 3 \times A \\ y = 3 \times B \end{cases} \quad \cdots\cdots ☆$$

　ここで、AとBは共通の因数を持たない（互いに素である）ことと、$x \leq y$よりA≦Bであることに注意です（後で使います！）。
　また、最小公倍数は共通する因数3とそれ以外の因数（AとB）を掛けあわせたものでしたね。問題文に「最小公倍数が210」とありますので、

$$210 = 3 \times A \times B$$
$$\therefore \quad A \times B = 70$$

> 「∴」は「ゆえに」という意味の論理記号です。PCで「ゆえに」と入力すると出てきます。今後は断りなしに使わせてもらいます。

ＡとＢがそれぞれ何であるかを求めるために、70を素因数分解してみましょう。

$$70 = 2 \times 5 \times 7$$

ですから、

$$A \times B = 2 \times 5 \times 7$$

ですね。ＡとＢは共通の因数を持たず、なおかつＡ≦Ｂでしたから、ＡとＢの組み合わせは、

A	1	2	5	7
B	$2 \times 5 \times 7$	5×7	2×7	2×5

のどれかです。これらを☆の式に代入するとxとyは

x	3	6	15	21
y	210	105	42	30

となります。ここで最後の条件を使いましょう。「２数の和が51」でしたね。あてはまるのは……そう！

$$\begin{cases} x = 21 \\ y = 30 \end{cases}$$

です！　よって、答えは21と30です＼(^o^)／

平方根（中学3年生）

人を殺してしまった数

　紀元前5世紀頃の古代ギリシャでは、すべての数は整数の比（分数）で表されると信じられていました。特に哲学者ピタゴラスを中心としたピタゴラス学派（教団）は「万物の源は数である」として、整数とその比を神のように信仰し、1～10までの数字に次のような「意味付け」までしていました。いわゆる「ピタゴラス数秘術」です。

ピタゴラス数秘術

　1：理性　　　　2：女性　　　　3：男性
　4：正義・真理　5：結婚　　　　6：恋愛と霊魂
　7：幸福　　　　8：本質と愛　　9：理想と野心
　10：神聖な数

　ピタゴラス数秘術は計算にもあてはめることができます。たとえば、
　2＋3＝5は「女性＋男性＝結婚」
　2×3＝6は「女性×男性＝恋愛」
　2＋5＝7は「女性＋結婚＝幸福」
　3×3＝9で「男性×男性＝野心」
など。なかなかよくできている？……ような気もしますね。もちろん一概には言えないこともたくさんありますが、数学者は一般の人より数に強烈な個性を感じられる人たちですから、彼らが数字にこのような意味を与えたことは理解できなくはありません。ちなみにこのピタゴラス数秘術は占

星術やタロット占いの源流になったとも言われています。

　こんな風に整数とその比は万能であるとして、神格化していたピタゴラス学派の中で、どうしても整数の比では表せない数の存在に気づいた人がいました。皮肉にも、その数の存在は、ピタゴラスの定理（三平方の定理とも言います）によって明らかにされました。

三平方の定理（ピタゴラスの定理）

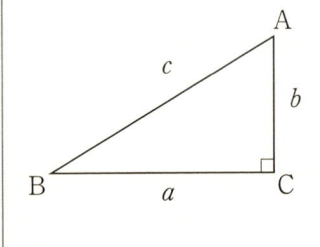

左の図のような直角三角形ABCにおいて、
$$a^2 + b^2 = c^2$$
が成り立つ。すなわち、
斜辺以外の2辺の2乗の和＝斜辺の2乗
になる。

[詳しくは、第6章の「他人を納得させる」で取り上げます。]

ピタゴラス学派のヒッパソスは、

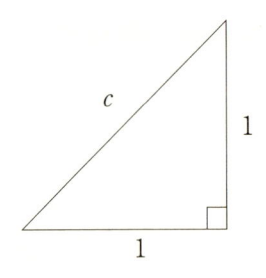

のような直角三角形の斜辺の長さ c はどうしても分数で表せないことに気づいてしまいました。一説によると、これを聞いたピタゴラスは非常に驚

き、弟子一同にこの数の存在を口外することを禁止しました。そして結局はヒッパソスを殺害してしまったと言われています（ひどい話です）。ヒッパソスが発見した整数の比（分数）で表せない数のことを無理数（irrational number）と言います。

> irrational number は比（ratio）として表すことができない数、という意味なので、「無理数」ではなく「無比数」という訳語のほうがよかったのではないか、という人もいます。

平方根

　無理数の詳しい話に入る前に平方根についておさらいしておきましょう。まずは定義からです。「平方」とは2乗のことで、「根」とはそのもとになる数のことです。

> **平方根の定義**
> 　2乗するとaになる数のことをaの平方根という。

　言い換えるとaの平方根とは、

$$x^2 = a$$

の解のことです。たとえば、$a = 4$の場合

$$x^2 = 4$$

で、

$$\begin{cases} 2^2 = 4 \\ (-2)^2 = 4 \end{cases}$$

ですから、

$$x = 2 \quad あるいは \quad x = -2 \, (x = \pm 2)$$

と、4の平方根は2か−2だとわかります（2つあります！）。

> 一般にaが正の数の場合、aの平方根には正と負の2つがあります。2つをまとめて「±○」と書いても構いません。「±」は「複号」と言います。

ルート（根号）

では、7の平方根はどうなるでしょう。2乗して7になる数なんて知らないですよね。そこで、新しい記号を導入します。$\sqrt{}$（ルート）の登場です。

> **$\sqrt{}$（ルート：根号）の定義**
> aの平方根のうち、正のほうを$\sqrt{a}$と表し「ルートa」と読む。

> わざわざ「正のほう」としていますが、このことは後で（高校数学でも）とても重要になりますので、しっかりと肝に銘じておいてください。

$\sqrt{}$（ルート）を使うと平方根は次のように表せます。

> aの平方根は$\sqrt{a}$と$-\sqrt{a}$（$\pm\sqrt{a}$）

aの平方根は「$x^2 = a$」の解でしたから、

> $x^2 = a$ の解は、
> $x = \pm\sqrt{a}$

とも言えます。

というわけで7の平方根は$\pm\sqrt{7}$です。

ところで4の平方根は± 2でしたね。でもルートを使うと、4の平方根は$\pm\sqrt{4}$です。4の平方根には表し方が2種類ある、ということでしょうか。そうなんです。

$$\pm\sqrt{4} = \pm 2$$

です。

一般に、ルートの中が平方数（ある数の2乗になっている数）のときは次のようにルートを外すことができます。

> **$\sqrt{}$（ルート）の外し方**
> $$\sqrt{a^2} = |a|$$

> 右辺が絶対値になっていることに注意してください。
> さきほど、$\sqrt{a}$はaの平方根のうち、正のほうを表すと書きました。すなわち、
> $$\begin{cases} \sqrt{2^2} = \sqrt{4} = 2 \\ \sqrt{(-2)^2} = \sqrt{4} = 2 \end{cases}$$
> ですね。
> $$\sqrt{(-2)^2} = -2$$
> は間違いです。正しくは、
> $$\sqrt{(-2)^2} = |-2| = 2$$
> としなくてはいけません。

数の種類

ここで数の種類についてまとめておきましょう。

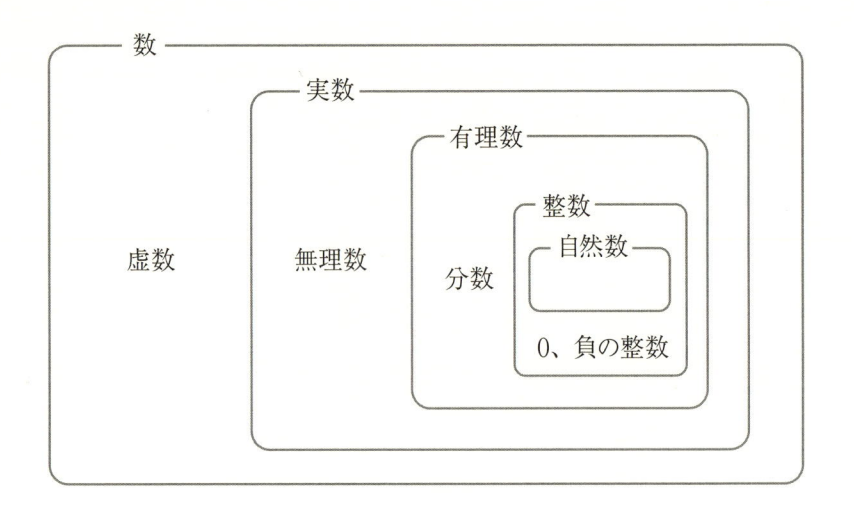

```
┌─ 数 ──────────────────────────────┐
│        ┌─ 実数 ───────────────────┐ │
│        │       ┌─ 有理数 ─────────┐ │ │
│        │       │       ┌─ 整数 ──┐ │ │ │
│        │       │       │ ┌自然数┐│ │ │ │
│  虚数  │ 無理数 │ 分数  │ │      ││ │ │ │
│        │       │       │ └──────┘│ │ │ │
│        │       │       │ 0、負の整数│ │ │
│        │       │       └────────┘ │ │ │
│        │       └─────────────────┘ │ │
│        └─────────────────────────┘ │
└──────────────────────────────────┘
```

> 「虚数 (imaginary number)」というのは2乗すると負になる数のことですが、中学数学の範囲外です。高校の数Ⅱで出てきます。

有理数 (rational number) とは、分数＝比 (ratio) で表すことのできる数のことです。整数も、

$$5 = \frac{5}{1}$$

と分数で表すことができますので有理数の仲間です。また、

$$0.33333333\cdots$$
$$0.18181818\cdots$$

のように、同じ数を繰り返す小数（循環小数と言います）は

$$0.33333333\cdots = \frac{1}{3}$$

$$0.18181818\cdots = \frac{2}{11}$$

と分数で表すことができるので、有理数です。

第1章　テクニック・その1　概念で理解する

一方、**分数を使って表すことのできない数を無理数**と言うのでしたね。
先ほど出てきたように、**√を使わないと表すことができない数は無理数**です（分数では表せないことが証明されています）。たとえば、$\sqrt{2}$、$-\sqrt{5}$、$3\sqrt{7}$、π（円周率）などはすべて無理数です。

【有名な無理数の語呂合わせ】

$\sqrt{2} = 1.41421356\cdots$（一夜一夜に人見ごろ）

$\sqrt{3} = 1.7320508\cdots$（人並みにおごれや）

$\sqrt{5} = 2.2360679\cdots$（富士山麓オウム鳴く）

$\sqrt{6} = 2.449489\cdots$（似よよくよく）

$\sqrt{7} = 2.64575\cdots$（菜に虫いない）

$\sqrt{8} = 2.8284\cdots$（ニヤニヤよ）

$\sqrt{10} = 3.1622\cdots$（三色2並ぶ）

$\pi = 3.14159265\cdots$（産医師異国に向こう）

$\sqrt{6}$の最後の「く」は四捨五入した値。$\sqrt{7}$の「菜」は7（なな）の「な」。「いない」の「い」は五つ（いつつ）の「い」。$\sqrt{10}$の「2並ぶ」は「22」です。

〈番外〉
円周率の覚え方（英語編）…文字数が数を表しています。
Can I find a trick recalling Pi easily ?
 3. 1 4   1   5   9   2   6
（πを簡単に思い出せるトリックってある？）

数学では公式や解法を覚える必要はありませんが、このような無理数のだいたいの値を知っていることは、概算をするときなどに大変役立ちますので、覚えておいて損はありません。

実体が捉えられない数を概念として理解する

　この節の初めに書きました通り、無理数を発見したヒッパソスはピタゴラスと学派の弟子たちによって殺害されてしまいました。ピタゴラスはどうしてそこまでする必要があったのでしょうか？　自分の考えが間違っていることを知られたくなかったからでしょうか？

　私はそればかりではないと思います。ここから先は憶測ですが、おそらくピタゴラス達はこの世のすべては数学ではっきりと表すこことができる、と信じていたのでしょう。ところが、分数で表すことのできない無理数は「だいたいの値」しかわからない数です。たとえば $\sqrt{5}$ の値を知りたい（見積もりたい）とします。

$$2^2 = 4$$
$$3^2 = 9$$

ですから、

$$4 < 5 < 9$$
$$\Leftrightarrow \sqrt{4} < \sqrt{5} < \sqrt{9}$$
$$\Leftrightarrow 2 < \sqrt{5} < 3$$

であることから、$\sqrt{5}$ が2と3の間の数であることはわかります。もう少し詳しく計算してみれば、

$$2.2^2 = 4.84$$
$$2.3^2 = 5.29$$

から、

$$4.84 < 5 < 5.29$$
$$\Leftrightarrow \sqrt{4.84} < \sqrt{5} < \sqrt{5.29}$$
$$\Leftrightarrow \sqrt{2.2^2} < \sqrt{5} < \sqrt{2.3^2}$$
$$\Leftrightarrow 2.2 < \sqrt{5} < 2.3$$

であることを突き止めることもできます。しかし、この計算をどんなに詳しく行なったとしても、$\sqrt{5}$の値を正確に出すことはできません。

数直線上では、

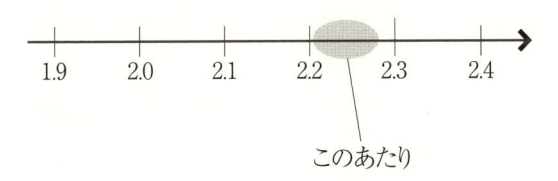

```
    1.9   2.0   2.1   2.2   2.3   2.4
                        ●
                        │
                     このあたり
```

とだいたいの場所しかわからないのです。このことがピタゴラスには我慢ならなかったのではないでしょうか？

実は似たようなことはあのアインシュタインにもありました。1920年代にその基礎を完成した量子力学は、電子のようなミクロの物質の正体は波であり、そのふるまいは確率的にしかわからないという理論が土台になっています（読み飛ばしてください）。別の言い方をすればミクロの世界では、ある粒子がAという場所で見つかるかBという場所で見つかるかは確率的にしか予測できない、ということになりますが、これをアインシュタインは「神はサイコロを振りたまわず」と言って猛烈に批判しました。従来の物理学では自然現象の未来は自然の法則に基づいてただ1つに決まると信じられていたからです。しかし、今では量子力学の正しさを疑う科学者はほとんどいません。

数学によって自然現象を完璧に記述したいと願う気持ちはピタゴラスもアインシュタインも同じだったのだと思います。その想いが強すぎるがあまり、ピタゴラスは行き過ぎた行動に出てしまったのでしょう。

いずれにしても、「無理数」は私たちが初めて出会う「確かにそこに存在するけれども、はっきりとは捉えられない数」です。目の前にあるものを数えるために自然数が生まれ、ものを分けたり、割合を考えたりするために分数が生まれ、何もないという状態を表す0が生まれ、そして反対の

概念を1つの概念の中で考えるために負の数が生まれました。ここまでの数はその値を具体的に捉えることができます。しかし、無理数の値は具体的に捉えることができません。だいたいの値しかわからない数なのです。でもその数を2乗すればどんな値になるかはわかるという実に不思議な数です。

　この「無理数」との出会いを通じて、実体が捉えられなくても、概念として物事を理解する感覚を磨いてほしいと思います。その感覚があれば、この世に存在しないことが明らかな虚数（2乗すると負になる数）を理解することもできるでしょう。もっと進めばこの世界を3次元ではなく、9次元ないし10次元の世界として捉える「超ひも理論」などの最新の物理学にも違和感を覚えなくなるかもしれません。

　実体が見えないことに不安な気持ちを抱くのはよくわかります。でも、実体を離れて概念の世界で物事を考えられるようになれば、我々は宇宙の果てや、素粒子の世界に思考を飛ばすことができます。「無理数」との出会いはそんな自由な旅の第一歩なのです。

平方根（無理数）の計算

　平方根（無理数）ははっきりしない数なので、特に足し算や掛け算の計算をするときには未知数（文字）のように扱わなくてはいけません。文字式の計算については次の項で詳しくやります。

　　《足し算》
　　　　$2\sqrt{3} + 3\sqrt{3} = 5\sqrt{3}$　　$(2a + 3a = 5a)$

　　《引き算》
　　　　$4\sqrt{7} - \sqrt{7} = 3\sqrt{7}$　　$(4a - a = 3a)$

　掛け算と割り算については直感的にできると思います。

《掛け算》
$$\sqrt{3} \times \sqrt{5} = \sqrt{3 \times 5} = \sqrt{15}$$

《割り算》
$$\sqrt{6} \div \sqrt{2} = \sqrt{\frac{6}{2}} = \sqrt{3}$$

> 気になる人（は数学に向いています）のために掛け算と割り算を直感的に行なえる理由を書いておきます。
> 今、xをaの正の平方根、yをbの正の平方根としましょう。すなわち、
> $$\begin{cases} x = \sqrt{a} \\ y = \sqrt{b} \end{cases} \Rightarrow \begin{cases} x^2 = a \\ y^2 = b \end{cases}$$
> です。これを使うと、
> $$\sqrt{a} \times \sqrt{b} = x \times y = \sqrt{(x \times y)^2} = \sqrt{x^2 \times y^2} = \sqrt{a \times b}$$
> となるので、
> $$\sqrt{a} \times \sqrt{b} = \sqrt{a \times b}$$
> であることがわかります。割り算は逆数の掛け算に直せますので同様に示せます。

要注意なのは、2種類以上の平方根が入った足し算と引き算です。

$$\sqrt{a} + \sqrt{b} = \sqrt{a+b}$$
$$\sqrt{a} - \sqrt{b} = \sqrt{a-b}$$

のようにすることはできません。これが正しくないことは具体的に考えてみればすぐにわかります。

$$\sqrt{4} + \sqrt{1} = 2 + 1 = 3$$
$$\sqrt{4+1} = \sqrt{5} = 2.2360679\cdots$$

ですから、

$$\sqrt{4}+\sqrt{1} \neq \sqrt{4+1}$$

は明らかですね。同様に引き算も、

$$\sqrt{16}-\sqrt{9}=4-3=1$$
$$\sqrt{16-9}=\sqrt{7}=2.64575\cdots$$

ですから明らかに、

$$\sqrt{16}-\sqrt{9} \neq \sqrt{16-9}$$

です。

平方根を簡単にする

平方根の計算を簡単にする方法を紹介します。それは、

> **平方根を簡単にする方法**
> $a>0,\ b>0$ のとき、
> $\sqrt{a^2 \times b}=\sqrt{a^2} \times \sqrt{b}=a\sqrt{b}$

> 先ほど、
> $$\sqrt{a^2}=|a|$$
> であると学びましたが、今は $a>0$ としているので、
> $$\sqrt{a^2}=a$$
> としました。

を使うことです。具体的にやってみますね。

$$\sqrt{8} = \sqrt{4 \times 2} = \sqrt{2^2 \times 2} = 2\sqrt{2}$$
$$\sqrt{18} = \sqrt{9 \times 2} = \sqrt{3^2 \times 2} = 3\sqrt{2}$$
$$\sqrt{75} = \sqrt{25 \times 3} = \sqrt{5^2 \times 3} = 5\sqrt{3}$$

　この計算ができるようになるためには、平方数（ある数の2乗になっている数）が頭に入っている必要があります。15の2乗くらいまでがすっと出てくると便利です。

平方数（ある数の2乗になっている数）
　1，4，9，16，25，36，49，64，81，100，
　$121(=11^2)$，$144(=12^2)$，$169(=13^2)$，$196(=14^2)$，$225(=15^2)$

第 2 章

テクニック・その2
本質を見抜く

本質を見抜くには

> **ポイント**
> ・一般化する。
> ・ファクターをあぶり出す。
> ・情報量の多いほうに注目する。

　現代社会において、数学が必要とされている大きな理由の1つは、<u>数学が情報を扱うのに非常に適した学問</u>だからです。ビッグデータの時代である現代において、溢れる情報の中から何を選び出し、何を本質と捉えるべきかを知っていることは大変重要なスキルであることは言うまでもありません。

　対象を一般化できれば、膨大なデータを1つの体系の中で考えることができるようになります。また、ある事柄がいくつかの要因（ファクター）によって成り立っているのかを意識することは、目の前の問題の複雑さと対処の仕方を知ることに繋がります。一方データが不足している場合に、どのようにすれば最大限に情報を引き出すことができるのかについても数学は教えてくれます。

　本章では、文字式、多項式、因数分解等を通じて与えられた情報から本質を見つけるための方法を探っていきます。

文字と式（中学1年生）

具体から抽象への飛翔

　算数と数学の最も大きな違いは、負の数を扱うことと、文字を使うことです。負の数については前章で学びました。では、文字を使うのはなぜでしょうか？　一言で言ってしまえばそれは**本質をつかむため**です。たとえば、

$$-1、0、3、8、15、24、35、48、63、80、99\cdots$$

と数が並んでいるとします。これらの数に共通する性質がわかるでしょうか？　わかった人は相当洞察力が鋭い人です（普通はなかなか難しいと思います）。実はこれらの数字は文字を使って、

$$n^2-1（nは整数）$$

と書くことができます。こう書けば上の数が平方数（ある数の2乗になっている数）から1を引いた数であることはすぐにわかりますね。このように**文字を使うと、具体性は損なわれますが、代わりに本質が見えてきます**。

　それだけではありません。文字を使えば、同じ性質を持つ数のすべてを表せることになります。たとえば偶数を、数字を使ってすべて書き表すことは到底できません。

$$0、2、4、6、8、10、12、14、16、18、20、22、24、26\cdots$$

といくら書いたところで最後は「…」を使ってごまかすしかないのです。でも、文字を使えば

$$2n\,(n\text{は整数})$$

と実にシンプルに表すことができて、しかもこう書けばすべての偶数を表していることになります。これを<mark>一般化</mark>と言います。

本質とはすなわち概念です。前章に出てきた負の数や無理数も具体的なものからやや距離をおいて、概念（コンセプト）として理解することが必要な数でした。<mark>「概念」</mark>を扱えるようになることは数学を学ぶ大きな<mark>目標の1つ</mark>です。

「代数」の誕生

私たちは数字の代わりに文字を使うことによって、代数（algebra アルジェブラ）の世界に入っていくことになります。

> 代数は、9世紀のバグダットの数学者アル・フワーリズミーの著した「Ilm al-jabr wa'l-muqabalah（ワルムカバラ）」の中の「al-jabr（アルジャブル）」が語源だと言われています。もともと「al-jabr（アルジャブル）」とは「移項する」という意味でした。ちなみにアル・フワーリズミーは「代数の父」と呼ばれています。

代数は、「ある数を5倍して3を引くと7になった。ある数とは何でしょう？」のようないわゆる修辞的代数（rhetorical algebra）と呼ばれるものからスタートしました。3世紀のことです。しかしこれは大変に回りくどい表現ですね。同じ問題を、

$$5x - 3 = 7$$

と、文字と記号を使った数式（文字式）で表すことができるようになるには17世紀まで待たなくてはいけません。このような記号的代数（symbolic algebra）を完成させたのは「我思うゆえに我あり『方法序説』」で有名なあのデカルトです。

文字式のルール

式の中に文字を使う際にはいくつかのルールがあります。まとめておきましょう。

文字式のルール

ルール1：掛け算記号（×）は省きます。
$$a \times b = ab$$

ルール2：数字と文字の積では、数字のほうを先に書きます。
$$a \times 3 = 3a$$

ルール3：同じ文字の積は累乗を使って書きます。
$$a \times a = a^2$$

ルール4：割り算記号（÷）は使わずに分数で表します。
$$a \div 2 = \frac{a}{2}$$

「1」や「−1」を掛けるときは1を省きますので注意が必要です。

$$1 \times a = a$$
$$(-1) \times a = -a$$

逆に言えば、文字式を見るときには「1」が省かれている可能性をいつも考えるようにしましょう。式変形の応用では重要な視点です。

(例)

① $x \times 4 \times y = 4xy$ [数字は先頭]

② $a + b \div 2 = a + \dfrac{b}{2}$ [比較→ $(a+b) \div 2 = \dfrac{a+b}{2}$]

③ $m \div 5 \times n = \dfrac{mn}{5} \left(\dfrac{m}{5}n でもよい\right)$ [比較→ $m \div (5 \times n) = \dfrac{m}{5n}$]

④ $p \times (-1) \times p + 5 \times p = -p^2 + 5p$ [$p \times p$ は p^2、$-1p^2$ の 1 は省略]

文字を使う目的は「一般化」

　冒頭にも書きました通り、数式に文字を使うとその本質が見えてきます。仮にあなたが三角形の面積の公式を知らないとします。そんなあなたに誰かが下の図を見せて、

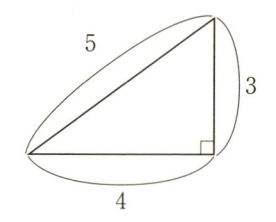

「この三角形の面積は 6 だよ」と教えてくれたとしましょう。そのときあなたは「6」が、

$$4 \times 3 \div 2 = 6$$

と計算した結果であることに気づけるでしょうか？　もしかしたら、

$$5 + 4 - 3 = 6$$

と勘違いしてしまう思う可能性だってありますよね。でも、

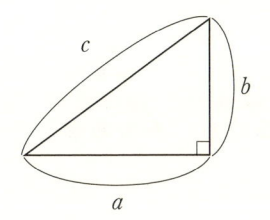

という三角形に対して、「この三角形の面積は$\frac{1}{2}ab$だよ」と教えてもらえれば、

$$三角形の面積 = \frac{1}{2} \times 底辺 \times 高さ (= 底辺 \times 高さ \div 2)$$

が本質であることはすぐにわかるでしょう。本質がわかれば、

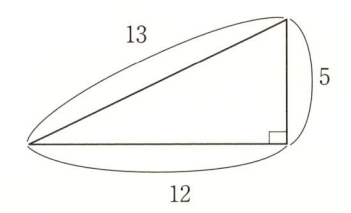

のような三角形に対しても、面積を、

$$\frac{1}{2} \times 12 \times 5 = 30$$

と正しく求めることができます。ここ！　ここが重要です！　文字式で表すことができれば、どんな具体的な事例に対しても応用することができるのです。

　本質をつかんで、さまざまな事物に共通する1つの概念にまとめること、これを**一般化**と言います。いくつかの具体的な事例から隠れた本質をあぶり出そうとすることは数学の基本的な精神ですから、数学では**対象を文字で表すことをいつも意識します**。

　たとえば、三角数と呼ばれる数があります。三角数とはその個数の点を使って三角形を作れる数のことです。

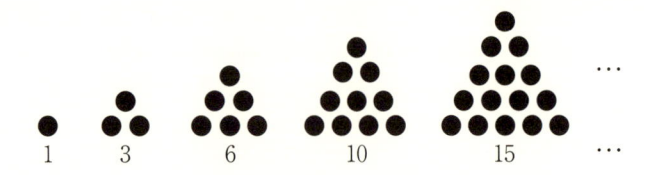

```
   •      •      •       •        •
         • •    • •     • • •    • • •
               • • •   • • • •  • • • •
                      • • • • • • • • • •
   1      3      6      10       15
```
　ここには最初から5番目までの数を書きました。さあ、では10番目の数はいくつでしょう？
　「え〜〜、ちょっと待ってね。図を書いてみるよ」
と思ってくれたあなたは性格のよい人です。でも、もし100番目の数を問われたら？　どんなに人がよくても「知るか！」となりますよね。
　一方、実は三角数が、

$$\frac{n(n+1)}{2} \quad (nは自然数)$$

で表される数であることがわかったらどうでしょう？　今度は10番目の数も、

$$\frac{10 \times (10+1)}{2} = 5 \times 11 = 55$$

100番目の数も、

$$\frac{100 \times (100+1)}{2} = 50 \times 101 = 5050$$

とたちどころに計算で求めることができます。これこそが対象を文字で表して一般化する醍醐味です。

1年後の月齢はわかるのに、天気はわからない理由

　他にも例を出しましょう。「月齢カレンダー」というのをご存知ですか？
　1年分の月の満ち欠けが載ったカレンダーで、たくさんの種類が発売されています。また、ネット上では何年先でも指定した日の月齢を教えてくれるサイトがあります。なぜわかるのでしょうか？　ちなみに指定した日の天気がわかる「天気カレンダー」なるものは存在しません。

第2章 テクニック・その2 本質を見抜く

y 年 m 月 d 日の月齢 a は以下のような公式を使って求めることができます。

$$a = [\{(y-11) \div 19 \text{の余り}\} \times 11 + p(m) + d] \div 30 \text{の余り}$$

$p(m)$ は月毎に変わる補正項で求めたい月によって下の値を代入します。

m	1	2	3	4	5	6	7	8	9	10	11	12
$p(m)$	0	2	0	2	2	4	5	6	7	8	9	10

たとえば、2020年の1月1日の月齢を求めてみましょう。
$y = 2020$、$p(m) = 0$（上の表より）、$d = 1$ を上の式に代入します。

$$\begin{aligned}
a &= [\{(2020-11) \div 19 \text{の余り}\} \times 11 + 0 + 1] \div 30 \text{の余り} \\
&= \{(2009 \div 19 \text{の余り}) \times 11 + 1\} \div 30 \text{の余り} \\
&= (14 \times 11 + 1) \div 30 \text{の余り} \\
&= 155 \div 30 \text{の余り} \\
&= 5
\end{aligned}$$

で月齢5日と求められます。

> この公式は簡略版で最大2日の誤差がありますが、詳細な計算ができるサイトなどで調べると、2020年の元旦は月齢5.4日と出てきますのでだいたい合っています。

月齢は文字式で表せるので好きな日付の月齢を求めることができます。一方天気の場合は日付を代入すればその日の天気がわかるような数式はありません。つまり月齢は一般化されていますが、天気は一般化されていないのです。天気予報が未だに外れてしまうのは無理のないことなんです。

ではここで、もう少し簡単な問題で一般化の練習をしておきましょうね。くどいようですが**目標は文字式で表すこと**です！

> **問題** ある自然数が9で割り切れるとき、その各位の数の和も9で割り切れることが知られている。3桁の自然数について、このことが正しいことを説明しなさい。
>
> ［渋谷教育学園幕張高校］

【答え】
問題文には「3桁の自然数」とあります。まずはこれを、文字で表すことを考えます。私たちが普段使っているのは10進法です。10進法の話は序章でも少し触れましたが、私たちは教育の賜物によってたとえば789という数字の並びを見ると、100が7つで10が8つで1が9つだと認識します。すなわち、

$$789 = 100 \times 7 + 10 \times 8 + 1 \times 9$$

であることをほとんど無意識のうちに理解します。……ということは100の位が a で10の位が b で1の位が c である数は、

$$\boxed{a}\boxed{b}\boxed{c} = 100 \times a + 10 \times b + 1 \times c = \underline{100a + 10b + c}$$

（百の位／十の位／一の位）

と表せそうですね。次は「9で割り切れる」ということを文字で表します。こちらは簡単です。9で割り切れる数というのは9の倍数です。9の倍数は「9×整数」ですから、mを整数とすれば$9m$と表せますね。以上より「ある3桁の自然数が9で割り切れる」という日本語は、

$$100a + 10b + c = 9m \quad (m は整数) \quad \cdots\cdots ①$$

と数式に"訳せる"ことになります。

> 文章題を数式に直していく("数訳"と勝手に名付けています)方法については第3章で詳しく解説します。

さあ、上の式を使って、「各位の和が9で割り切れる」ことを示したいわけです。この目標は文字式にすると、次のようになります。

$$a + b + c = 9 \times 整数 \quad \cdots\cdots ②$$

①を変形してcを消去しましょう。

> なぜcを消去することを思いつくのか、についても次の章で触れます。

①より、

$$100a + 10b + c = 9m$$
$$\Leftrightarrow \quad c = 9m - 100a - 10b \quad \cdots\cdots ③$$

③を②の左辺に代入します。

$$\begin{aligned} a + b + c &= a + b + 9m - 100a - 10b \\ &= (1 - 100)a + (1 - 10)b + 9m \\ &= -99a - 9b + 9m \\ &= 9 \times (-11a - b + m) \end{aligned}$$

ここで、a、b、m は整数なので、「$-11a-b+m$」も整数ですね。
　……ということは？　そうですね。上の式は

$$a+b+c = 9 \times 整数$$

という目標の形（②の形）になっています。つまり、$a+b+c$（各位の和）は9の倍数（9で割り切れる数）です。
　以上より「3桁の自然数が9で割り切れるとき、その各位の和も9で割り切れること」が示せました！＼(^o^)／

　上の式変形に不案内な人は次節の「式の計算（中学2年生）」をよく読んでくださいね。でもここで重要なのは式変形ではなく、文字を使って、「3桁の自然数」や「9で割り切れる数」を表したことです。これが一般化です！　3桁の自然数は100～999まで全部で900個ありますし、9で割り切れる数は無数にあります。でも、それぞれをたった1つの式で表せたことに注目してください。

　文字を使って一般化することで、具体的なイメージが遠ざかってしまうことは認めます。でも文字を使えば、無限に続く数の全体を捉えたり、物事の本質を捉えたりできるのです！　これは本当にすごいことだと思います。記号的代数によって、数学は抽象世界へと飛び立つことができたと言っても過言ではないのです!!

式の計算(中学2年生)

次数との出会い

　小学校のとき「文章題は単位をつけて答えなさい」と教わりました。個数なら○○個、長さなら○○cm、面積なら○○cm^2……といった風に。しかし数学になると「単位」にはあまりこだわらなくなります。そもそも単位が付いているような具体的な問題(文章題)を解く機会が減ることも大きな要因ですが、数学で単位があまり出てこないのは、式の中に単位と同じ意味を見て取ることができるからです。

　たとえばここに16という数があるとします。でも単位がないとこれが下の正方形の周の長さを表しているのか、面積を表しているのかわかりませんね。

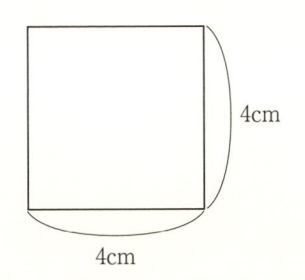

ですから単位をつけて、

$$長さなら16cm、面積なら16cm^2$$

と表す必要があります。

　一方、これが文字なら、

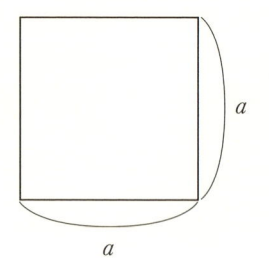

の正方形に対して、

$$4a\text{なら周の長さ} \quad a^2\text{なら面積}$$

を表している、と単位がなくてもすぐにわかります。なぜなら **1次式は長さを、2次式は面積を表していると考えることができる**からです。「1次」や「2次」のことを「**次数**」と言います。次数は数字だけを使っているときには意識しづらいものですが、文字を使えば明らかであり、そこからいろいろな意味を感じることができます。

次数とは

あらためて次数についておさらいしておきましょう。

> **次数の定義**
> 掛け合わされている文字の個数を次数という。

（例）

・0次式：数字だけ

$$1、-5、29、\frac{1}{2}$$

・1次式：「数字×文字」の形

$$2a、-m(=-1\times m)、\frac{x}{3}\left(=\frac{1}{3}\times x\right)$$

・2次式：数字×文字×文字
$$xy(=1\times x\times y)、-5a^2(=-5\times a\times a)$$

といった具合です。

　上のように数字や文字を使って掛け算だけで作られた式を**単項式**と言い、いくつかの単項式の和（や差）で作られた式を**多項式**と言います。

　多項式の場合は、各項の次数のうち最も大きいものがその式の次数になります。たとえば次の式は、

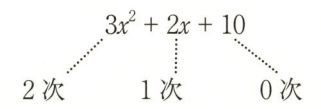

$$3x^2 + 2x + 10$$
　　2次　　1次　　0次

なので、2次式です。

次数＝ファクターの数

　式を見て次数を判断するのは決して難しくありません。単項式の場合は単純に掛け合わされている文字の個数を見ればいいだけですし、多項式の場合は一番大きな次数を確認するだけです。でも、次数にはもっと深い意味があります。図形を使ってイメージを膨らませていきましょう。

　直線の長さ（lとします）は、

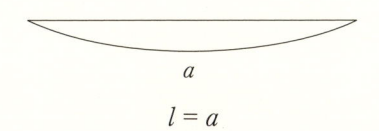

$$a$$
$$l = a$$

と1次式で表されます。長さ（a）を測れば決まってしまいます。言い換

えれば直線の長さは1つの要素（ファクター）しか持っていません。

これに対して面積（Sとします）は、

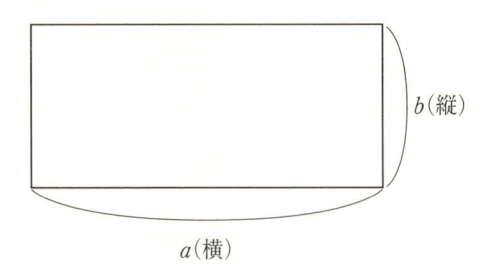

b（縦）

a（横）

$$S = ab$$

と2次式になります。面積は縦と横の長さがわからないと定めることができないので、2つの要素で決まる量です。

> ここで、縦の長さも横の長さも自由に決められることに注目してください。横の長さは縦の長さが何cmになっても関係がありませんし、もちろんの縦の長さも横の長さの影響を受けません。面積は互いに自由な2つのファクターを持っています。このように互いに自由であることを数学では「独立である」と言います。

今度は直方体があるとしましょう。

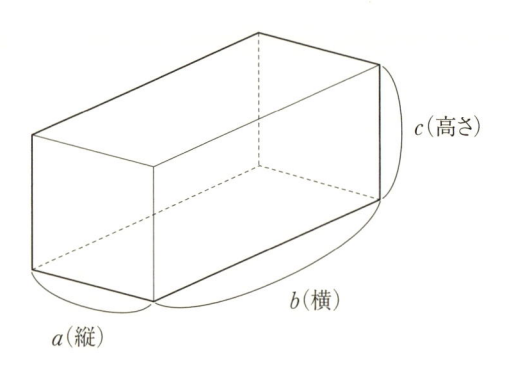

c（高さ）

b（横）

a（縦）

体積（Vとします）は縦×横×高さより、

$$V = abc$$

となりますね。ここでも縦、横、高さはそれぞれに自由ですから、体積は3つの独立な要素で定まる量です。

以上からおわかりだと思いますが、次数の数だけそこにはファクターが潜んでいます。次数をつかまえることはファクターがいくつあるかをつかまえることなのです。また、このファクター（独立な要素）の数は「自由度」と言い換えることもできます。ある式が独立な要素をn個持っているということは、その式が持つ自由度がnであると言えるわけです。

次元について

　次数という言葉から「次元」を連想するのも理解を助けてくれるでしょう。

　最近は3D上映される映画や3D表示ができるテレビが珍しくありませんね。「D」はDimensionの頭文字で、日本語で言うと「次元」という意味です。「次元」とは、空間における自由度のことです。1次元の世界では、車は前に行くか後ろに行くかしかできません（ハンドルを切ることは許されません）。1次元の世界とは直線の世界です。これに対して、2次元の世界では自由度が2つあるので、前か後ろに加えて右か左かを選ぶことも許されます（ハンドルを切ることができます）。つまり平面の世界です。そして、3次元ではさらに上にジャンプすることもできるので（車に羽根を付けて空を飛ばすことができます）、空間全体を移動することが許されます。

　　1次：1つの要素から成り立つ⇒自由度が1つ：直線（1次元）
　　2次：2つの独立な要素から成り立つ⇒自由度が2つ：平面（2次元）
　　3次：3つの独立な要素から成り立つ⇒自由度が3つ：空間（3次元）

です。これを意識できるようになることが、次数を理解する第一歩です。
　実際のところ、2次式の有名な定理である三平方の定理（第6章）、

$$a^2 + b^2 = c^2$$

は、図形の面積に注目することによって証明できますし、2次方程式は、解の公式が発見される1000年以上前にユークリッドが平面上の円を用いた幾何学的な方法で解いていました。

　関数についての理解がある読者は、
「じゃあ、2次関数はどんな要素を2つ持っているんだ？」
と思うことでしょう。鋭いご指摘です。実は2次関数は0でない変化率を2つ持っています……なあんて書いても、
「え??」
と混乱させてしまうと思います（ごめんなさい）。
　実は関数の次数と変化率の関係に注目すると微分にまで話が展開していきます。これについては第4章で詳しく書きますので楽しみにしていてください！

　対象を文字で表すと何次式になるのかを考えたり、逆に文字で表されている式の次数から独立な要素の数を測ったりできるようになれば、数式を見たときにより豊かなイメージが湧くようになります。次の「ドレイクの方程式」は7つの独立なファクターを持った7次式の例です。

ドレイクの方程式

　1961年にアメリカの天文学者であるフランク・ドレイクは、私たちの銀河系にどのくらいの宇宙人が分布しているのかを見積もるために、次のような方程式を考えました。Nは銀河系に存在する通信可能な地球外文明の数を表しています。

$$N = A \times B \times C \times D \times E \times F \times G$$

A：毎年誕生する恒星の数
B：その中で惑星を持つ恒星の比率
C：生命の誕生に適した条件を持つ惑星の比率
D：その中で生命が誕生する惑星の比率
E：その中でそれらが知的生命体にまで進化する比率
F：その中で交信力をもち、実行する文明の比率
G：その文明の寿命

NはAからGまでの積ですから7次の数です。つまりドレイクは地球外文明の数は7つの独立なファクターによって決まると考えたわけですね。

> ちなみに1961年当時ドレイクが考えた値は以下の通りです。
>
> $A=10$ ［個/年］（毎年平均10個の恒星が誕生する）
> $B=0.5$（恒星のうち半数が惑星を持つ）
> $C=2$（惑星を持つ恒星は、生命が誕生可能な惑星を2つ持つ）
> $D=1$（生命が誕生可能な惑星では、100%生命が誕生する）
> $E=0.01$（生命が誕生した惑星の1%で知的文明が生まれる）
> $F=0.01$（知的文明を有する惑星の1%が通信可能となる）
> $G=10,000$ ［年］（通信可能な文明は1万年間存続する）
>
> これらの値を代入すると、
>
> $$N = 10 \times 0.5 \times 2 \times 1 \times 0.01 \times 0.01 \times 10,000 = 10$$
>
> となり、銀河系には通信可能な文明が10個は存在していることになります。現在では発生した生物が文明を持つ知的生物に進化できる確率（EとF）とその継続期間（G）がもっと低い値になるのではないかとも言われています。

今、ここにアリとバッタが向き合っているとしましょう。そして次の瞬間バッタがジャンプしてアリの背後に着地したとします。きっとアリは「うわあ～バッタがワープした！」と驚くでしょう。なぜならアリは（おそらく）3次元の世界を知らないからです。

次元が1つ増えると、想像を絶するほどの拡がりがそこには生まれます

(その意味では何でも入るドラえもんのポケットを「四次元ポケット」と名付けたのは理にかなっています)。

　言い換えれば、次元が増えることはそれだけ世界が複雑になることを意味します。だからこそ私たちは高次で表現された問題を解くときは次元や次数を下げてもっと単純な世界に落としこんで考えようとします。これは『大人のための数学勉強法』の「どんな問題も解ける10のアプローチ」でも紹介した数学的に大変重要な感覚です。

多項式（中学3年生）

因数分解はなぜ重要か？

　中学生のとき、何かというと因数分解をさせられた記憶はありませんか？　それこそ、
「なんでこんなことしなくちゃいけないんだろう」
と疑問に思った人は少なくないと思います。
　もちろん、因数分解は学生をイジメるためにあるのではありません。因数分解は式の「情報量」を増やすために行なうものです。式の情報量については『大人のための数学勉強法』にも書きましたが、改めて確認しておきましょう。
　式の形によって情報量は変わってきます。

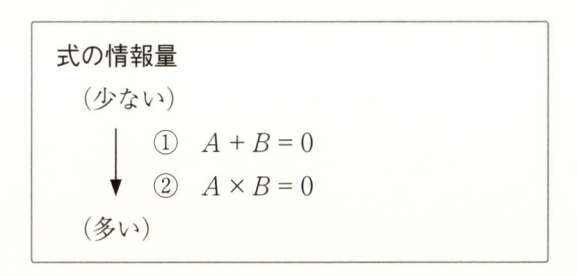

```
式の情報量
 (少ない)
    ↓     ①  A + B = 0
          ②  A × B = 0
 (多い)
```

　①の、

$$A + B = 0$$

の式からは $A + B$ すなわち和がゼロだとわかります。しかし足してゼロになる組み合わせは1と−1、5と−5、10と−10…と無数にありますね。

89

つまり、和がゼロであることがわかっても、ＡもＢもどちらの値も決めることはできません。しかし②の、

$$A \times B = 0$$

の式ではどうでしょうか？　ここではＡ×Ｂすなわち積がゼロになっていますから、少なくともどちらかはゼロであることがわかります。{Ａ＝０あるいはＢ＝０}であることがわかるのです。②は①に比べて格段に情報量が増えていることになります。

　<u>和よりも積のほうが、情報量が多い</u>ということを意識できるようにしましょう。因数分解はそのための式変形です。

> 「和よりも積を考える」というのも前著でまとめた「どんな問題も解ける10のアプローチ」の1つです。

多項式の計算

　因数分解の話に入っていく前に多項式の計算についてまとめておきましょう。数式の中の違う文字は違うものとして扱います。ちょっと幼稚な書き方になって恐縮ですが、

$$5x + 2y$$

というのは、リンゴが5個とみかんが2個と言っているようなものです。ということは、

$$(5x + 2y) + (x + 3y)$$

という式は、リンゴが5個とみかんが2個あるところに、リンゴが1個とみかんが3個足されたのと同じです。このとき、

　　　　リンゴ：5＋1＝6個で
　　　　みかん：2＋3＝5個

になりますね。……ということは、

$$(5x + 2y) + (x + 3y) = (5 + 1)x + (2 + 3)y = 6x + 5y$$

と計算してよいことになります。

　同じ文字どうし（リンゴどうしやみかんどうし）の項を**同類項**と言います。多項式の足し算では、同類項は係数（文字の前の数字）を計算してまとめることができます。

$$(5x + 2y) + (x + 3y) = (5 + 1)x + (2 + 3)y = 6x + 5y$$

　　　同類項　　同類項

分配法則

　上のように係数だけを足し算できるのは、次の計算法則（分配法則）を使っているからです。

分配法則
$$(m + n)x = mx + nx$$

分配法則が正しいことは次のような図を用いて理解することができます。

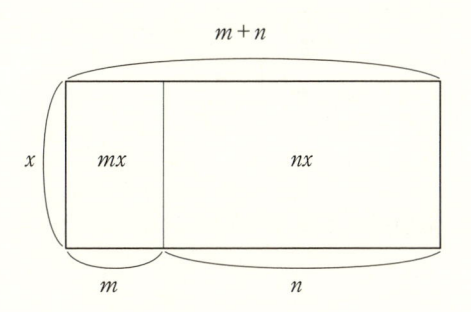

（図：横 $m+n$、縦 x の長方形が mx と nx の二つに分けられている）

上の大きな長方形全体の面積は $(m+n)x$ ですね。この面積は中の2つの小さな長方形の面積の和 $mx+nx$ に等しいはずですから、

$$(m+n)x = mx + nx \quad \cdots\cdots ①$$

が成立することは明らかです。またA×BとB×Aは同じ結果になるので、分配法則は、

$$x(m+n) = mx + nx \quad \cdots\cdots ②$$

と書いても構いません。
　さらに $A=B$ であれば $B=A$ であることから分配法則を左右逆に書いて

$$mx + nx = (m+n)x$$

とすることもできます。さきほどの、

$$5x + x = (5+1)x$$
$$2y + 3y = (2+3)y$$

は、まさにこれを使っているわけです。

多項式×多項式

　多項式×多項式の計算も上の「分配法則」から考えていきます。

$$(m+n)(x+y)$$
$$= m(x+y) + n(x+y) \quad 【(x+y)を1つの塊として①を利用】$$
$$= mx + my + nx + ny \quad 【②を利用】$$

> **多項式×多項式**
> $$(m+n)(x+y) = mx + my + nx + ny$$

この計算が正しいことも図を用いて確認しておきましょう。

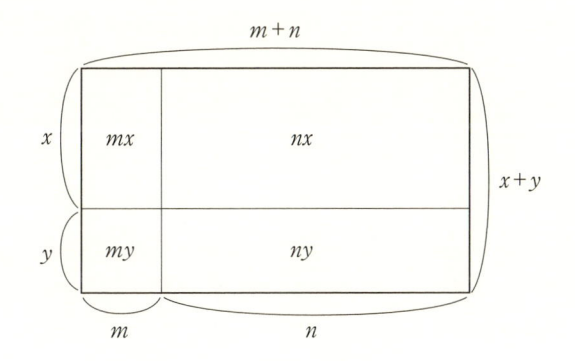

$$\text{大きな長方形の面積} = (m+n)(x+y)$$
$$\text{小さな4つの長方形の面積の和} = mx + my + nx + ny$$

大きな長方形の面積と小さな4つの長方形の面積の和は等しいので、

$$(m+n)(x+y) = mx + my + nx + ny$$

は正しい計算です。

この多項式×多項式の計算はこれから頻繁に使うようになりますので、次のように機械的に行なえるようにしておいてください。

$$(m+n)(x+y) = mx + my + nx + ny$$

乗法公式

また多項式×多項式の計算でよく出てくる形については公式が用意されています。

乗法公式

(1) $(x+a)(x+b) = x^2 + (a+b)x + ab$
(2) $(x+a)^2 = x^2 + 2ax + a^2$
(3) $(x-a)^2 = x^2 - 2ax + a^2$
(4) $(x+a)(x-a) = x^2 - a^2$

　これらを、「はい、覚えてください！」というのは簡単ですが、よい計算練習にもなりますので、(1)～(4) の証明を書いておきますね。ぜひ自分1人でもできるようにしておいてください。

【証明】

(1)　$(x+a)(x+b)$
　　$= x^2 + bx + ax + ab$
　　$= x^2 + (a+b)x + ab$

(2)　$(x+a)^2$
　　$= (x+a)(x+a)$
　　$= x^2 + ax + ax + a^2$
　　$= x^2 + 2ax + a^2$

(3)　$(x-a)^2$
　　$= (x-a)(x-a)$
　　$= x^2 - ax - ax + a^2$
　　$= x^2 - 2ax + a^2$

(4)　$(x+a)(x-a)$
　　$= x^2 - ax + ax - a^2$
　　$= x^2 - a^2$

第2章　テクニック・その2　本質を見抜く

　この4つはすべて重要ですが、特に重要なのは（4）です。（4）の証明から、$(x+a)$ と $(x-a)$ を掛け合わせると $-ax$ と $+ax$ という項が出てきてお互いを打ち消し合って、x^2 と $-a^2$ だけが残ることがわかります。数学の先生になるような人は和と差という正反対の概念を掛け合わせると、互いに打ち消しあうことで結果がシンプルになるこの計算結果を「美しいなあ」と思う感性を持っています（ちょっと断定しすぎかもしれませんが……）。そこまでではなくても（4）の公式の証明を実際に自分の手で行なってみて「お～消えるなあ」という感慨を持つことは、数学の面白さや美しさに気づくきっかけになります。

　では（4）を使うちょっとした応用問題をやってみましょう。

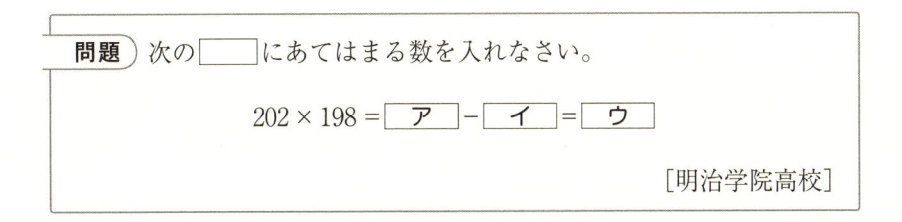

問題　次の◯にあてはまる数を入れなさい。

$$202 \times 198 = \boxed{\text{ア}} - \boxed{\text{イ}} = \boxed{\text{ウ}}$$

［明治学院高校］

　もちろん、202×198 の計算自体は筆算を使えばできます。でも、ただ筆算をしてほしいのならこのような問題を出すはずがありません。実はこれは乗法公式の（4）を使うことを期待されている問題なのです。

$$202 = 200 + 2$$
$$198 = 200 - 2$$

なので、

$$202 \times 198$$
$$= (200 + 2)(200 - 2)$$
$$= 200^2 - 2^2$$
$$= 40000 - 4 = 39996$$

です。これより、ア $= 40000$、イ $= 4$、ウ $= 39996$ とわかります。

因数分解の方法

多項式×多項式の式を（ ）のない式にすること（バラバラにすること）を「式を展開する」と言いますが、逆にバラバラの式を多項式×多項式の掛け算の形に直すことを因数分解と言います。

通常どの教科書にも載っている因数分解の基本は次の3つです。

因数分解の基本
① 共通因数でくくる
　　（例）　$ax + ay = a(x + y)$

② 最低次の文字について整理する

③ 公式の利用

　　因数分解の公式
　　(1)　$x^2 + (a + b)x + ab = (x + a)(x + b)$
　　(2)　$x^2 + 2ax + a^2 = (x + a)^2$
　　(3)　$x^2 - 2ax + a^2 = (x - a)^2$
　　(4)　$x^2 - a^2 = (x + a)(x - a)$

> 因数分解は式の展開の逆なので、乗法公式を左右逆にすれば因数分解の公式になります。

なぜ「最低次の文字について整理する」とよいのか？

この3つの中で一番「そんなのあったっけ？」と思われがちなのは、②の「最低次の文字について整理する」でしょう。事実、多くの生徒さんは

この②のことを忘れてしまっています。稀に勤勉な生徒さんが②を覚えていたとしても、「なぜ最低次の文字について整理するとうまくいくか」を説明できる人はほとんどいません。

　しかし数学を勉強する目的が論理力を磨くことであり、未知の問題を解くことであるなら、因数分解ができても、ここから広く応用できる考え方を抽出できなければ「因数分解からは何も学べなかった」のと同じになってしまいます。

　そもそも、因数分解とは与えられた数式を積の形に直すことですが、それは言い換えれば式の整理をしているのと同じことです。

　話は飛びますがここで次の写真を見てください。

　本棚に物理と化学の問題集が整然と並んでいます。上の2段が物理で下の2段が化学です。さらに同じ科目の中では大きさ順になっており、同じ

大きさの中では出版社別になっているようです。

　今、この本棚が地震か何かで倒れてしまったとします。すべての本が散乱してしまった様子を思い浮かべてください。さあ、あなたならどのように本を整理していきますか？……はい、そうですよね。まずは科目別に物理と化学に分けますよね。その後で大きさ順に分け、さらにその後で出版社別に分けていくと思います。

　この例でもわかるように、物事を整理しようとするときには、ヴァリエーションの少ない事柄に注目して分類していくのが効率のよい方法です。他の例で言えば、目の前にたくさんの老若男女の人たちがいるときに一人ひとりをカテゴライズしたいのならば、まずは男女の区別で分けていくのが一番手っ取り早いはずですね。

　因数分解も式の整理ですから同じように考えます。

　たとえば次のような式があるとします。

$$x^2 + xy - x - y$$

この式はxについては2次式で、yについては1次式ですから、
（ⅰ）xについて整理すると、

$$\bigcirc x^2 + \triangle x + \square$$

と式を3つに分類していかなくてはいけません。しかし、
（ⅱ）yについて整理すれば、

$$\bigcirc y + \triangle$$

と2つに分類すればよいことがわかります。

　整理は、分類のヴァリエーションが少ないほうがよりよいのでしたね。だからこそ（ⅱ）のほうが、つまり「最低次の文字に注目した整理」のほうがよい方法だということになります。

　それだけではありません。

$$x^2 + xy - x - y$$

はyについて整理すると、

$$(x-1)y + x^2 - x$$

となりますが、もしこの式が因数分解できるのであれば、$(x-1)$かyのどちらかで全体がくくれるはずです。yは後半の$x^2 - x$には含まれていませんので、自然と$x^2 - x$の中に$(x-1)$を探したい気持になります。つまり、このようにして最低次の文字について整理することは式の中に何を探せばよいかのヒントも与えてくれるわけです。結果として、

$$\begin{aligned}
&(x-1)y + x^2 - x \\
&= (x-1)y + (x-1)x \\
&= (x-1)(y+x) \\
&= (x-1)(x+y)
\end{aligned}$$

と因数分解を進めればよいことがわかります。

因数分解の実践

特に因数分解は、スムーズにできるようになるには実践練習が不可欠です。実際にやってみましょう！（いきなり高校の入試ですいません）

問題 次の式を因数分解しなさい。

① $x^2y + 5xy - 14y$ 　　　　　[清風高]

② $3(x-3)^2 - 48$ 　　　　　[法政大第二高]

③ $a^2b - b^2c - b^3 + ca^2$ 　　　　　[関西学院高]

【解答】

① まずすべての項に共通する因数yがありますからこれでくくります。

$$x^2y + 5xy - 14y = y(x^2 + 5x - 14)$$

　次に（　）を見ます。因数分解の公式（1）の形をしていることに気づくでしょうか？　公式と与えられた式をならべて書いてみましょうね。

$$x^2 + (a+b)x + ab = (x+a)(x+b)$$
$$x^2 \quad + 5x \quad - 14 = \quad ?$$

……ということは、

$$a + b = 5$$
$$ab = -14$$

を満たすようなaとbが見つかれば因数分解できそうです。さあ、どうやって探しましょう。さきほど、**和よりも積のほうが情報量が多い**と書きましたね。そうです。ここでも積の式のほうがたくさんのことを教えてくれます。すなわち、

$$ab = -14$$

から、可能性のあるaとbの組み合わせを考えてみましょう。ここではaとbは整数であると限定して構いません（限定できない例は高校でやります）。すると、aとbに考えられる組み合わせは、

$$(a, b) = (1, -14)、(-1, 14)、(2, -7)、(-2, 7)$$

のいずれかしかないことがわかります。この中で$a + b$が5になるものを探しましょう。はい、見つかりました。

$$(a, b) = (-2, 7)$$

ですね。以上より、

$$x^2 + 5x - 14 = (x - 2)(x + 7)$$

第2章　テクニック・その2　本質を見抜く

> 上のaとbの候補について逆順の、
>
> $$(a, b) = (-14, 1)、(14, -1)、(-7, 2)、(7, -2)$$
>
> を考える必要はありません。
>
> $$(x-2)(x+7)と(x+7)(x-2)$$
>
> は同じことだからです。

②　これもまず共通因数の3でくくりましょう。

$$3(x-3)^2 - 48 = 3\{(x-3)^2 - 16\}$$

ですね。さあ、ここで16が平方数（ある数を2乗した数）であることに気づきましたか？　気づくことができた人は、

$$(x-3)^2 - 16 = (x-3)^2 - 4^2$$

から、因数分解の公式（4）を連想することは難しくないと思います。これも並べて書いてみますね。

$$x^2 - a^2 = (x+a)(x-a)$$
$$(x-3)^2 - 16 = \qquad ?$$

を使えば因数分解できそうであることはわかると思います。ポイントは$(x-3)$を一塊に見ることです。見やすくするために新しい文字でおいてみましょう。$(x-3) = X$とします。

$$\begin{aligned}
3(x-3)^2 - 48 &= 3\{(x-3)^2 - 16\} \\
&= 3\{(x-3)^2 - 4^2\} \\
&= 3\{X^2 - 4^2\} \\
&= 3(X+4)(X-4) \\
&= 3(x-3+4)(x-3-4) \\
&= 3(x+1)(x-7)
\end{aligned}$$

【Xを$x-3$に戻しました】

③　なんだか複雑な式ですね。しかも今回は全体に共通する因数はありません。そこで使うのは因数分解の基本「**最低次の文字について整理する**」です。与えられた式を見てみると、aについては2次、bについては3次、cについては1次ですね。……cについて整理しましょう。

$$\begin{aligned}
a^2b - b^2c - b^3 + ca^2 &= (-b^2 + a^2)c + a^2b - b^3 \\
&= (a^2 - b^2)c + a^2b - b^3 \\
&= (a^2 - b^2)c + (a^2 - b^2)b \\
&= (a^2 - b^2)(c + b) \\
&= (a + b)(a - b)(b + c)
\end{aligned}$$

【$-b^2 + a^2 = a^2 - b^2$】
【後半をbでくくる】
【公式(4)】

因数分解を使って式の情報量が増えることを実感できるのは何と言っても2次方程式です。次章では1次方程式、2次方程式の解き方を詳しく解説したいと思います！

第 **3** 章

テクニック・その3
合理的に解を導く

合理的に解を導くには

> **ポイント**
> ・正しいプロセスを踏む。
> ・ルールを集める。
> ・モデル化する。

「＝（等号）」には2つの意味があることをご存知でしょうか？

　　A　　　$2x + 1 = 5$
　　B　　　$x + x + 1 = 2x + 1$

　Aの式は$x = 2$のときにだけ、成立する式です。このように**ある特定の解についてのみ成り立つ式を「方程式」**と言います。

　一方、Bは文字式の計算結果でありxにどんな値を代入しても成り立つ式です。Bのようにどんな値に対しても成立する式を「恒等式」と言います。恒等式は高校の数Ⅱで学ぶ内容ですので、ここでは深入りしませんが、「＝」には「特別な場合だけ等しい」ことを示している場合と「どんなときも等しい」ことを示している場合とがあることは知っておいてください。それは「ある」と「すべて」の用法の違いを理解することにも繋がります。

　中学数学では1次と2次の方程式の解き方を学びます。それは**「ある特定の解」を求めるための方法**です。方程式を解くことを通して正しい答えを導くためには正しいプロセスが必要であること、そしてそもそも答えが求まるためにはどういう条件が必要であるかということを学びます。

　また文字式を使って「答え」を求めることができるのは記号的代数の面目躍如たるところです。文章題を方程式に落としこむ過程から、余計なものをそぎ落としてモデル化するスキルを身につけていきましょう。

1次方程式（中学1年生）

等式の性質

まずは1次方程式です。1次方程式が解けるようになるためには等式の性質を使って、等式を自由に変形できることが必要です。

等式の性質

A＝Bならば、次の変形はすべて正しい。

(1) 同じ数を足しても等号は成立する。

$$A + C = B + C$$

(2) 同じ数を引いても等号は成立する。

$$A - C = B - C$$

(3) 同じ数を掛けても等号は成立する。

$$A \times C = B \times C$$

(4) 同じ数で割っても等号は成立する。

$$A \div C = B \div C \quad (ただしC \neq 0)$$

では、

$$2x + 1 = 5$$

という方程式を解いてみます。**目標は「$x = \cdots$」という形を作ること**です。まずは「1」を左辺から消しましょう。1を消すにはどうしたらよいでしょうか？　そうですね。1を引けばよいですね。性質（2）を使います。両辺から1を引きます。

$$2x + 1 - 1 = 5 - 1$$
$$\Leftrightarrow \quad 2x = 4$$

1を消すことができました。次は$2x$の「2」を消しましょう。ただし、今度は掛け算ですから、2を引いても消えませんね。どうしたらよいかというと……そうです。2で割ればよいのです。（4）を使いましょう。

$$2x \div 2 = 4 \div 2$$
$$\Leftrightarrow \quad \frac{2x}{2} = \frac{4}{2}$$
$$\Leftrightarrow \quad \underline{\underline{x = 2}}$$

はい！　目標達成です＼(^o^)／。先の方程式の解は$x = 2$と求まりました。

ここで注意してもらいたいのは、何度も使っている「$\Leftrightarrow$」マークです。このマークは「同値」という意味でしたね。**式変形によって正しい答えを得るためには常に同値変形である必要があります**。もしどこかで同値変形が崩れてしまうのであれば、新たに条件を加えない限り正しい答えにはなりません。

同値変形を意識しないと失敗してしまう例が多く出てくるのは高校数学以降になりますが、中学数学の段階から強く意識すべきことがあります。それは「0（ゼロ）で割らない」ことです。

⌈「同値変形を意識する」ことについては『大人のための数学勉強法』の184頁に詳しく書きました。⌉

0で割ってはいけない理由

まずは次の「証明」を見てください。
《2＝1の証明》

$$x = y \text{とします。}$$

① 両辺にxを掛けると

$$x^2 = xy$$

② 両辺からy^2を引くと

$$x^2 - y^2 = xy - y^2$$

③ 因数分解すると

$$(x+y)(x-y) = y(x-y)$$

④ 両辺を$(x-y)$で割ると

$$x + y = y$$

⑤ $x = y$なので

$$2y = y$$

⑥ 両辺をyで割ると

$$2 = 1$$

いかがでしょうか？ この「証明」によると、確かに「2＝1」ということになります。数学的に正しいと思うステップを積み上げたのに、明らかに誤った結果を得てしまいました。そんなことがあり得るのでしょうか？ 実は上の①〜⑥のステップのうち、1つだけ数学的に正しくないステップが含まれています。どこだかおわかりですか？

この「証明」自体は数学の小ネタとして結構有名なので知っている読者

もいると思いますが、そうです、④のステップ「両辺を $(x-y)$ で割ると」の部分に問題があります。第1行に注目してください。「$x=y$とします」と書いてあります。つまり

$$x - y = 0$$

です。両辺を $(x-y)$ で割るということが、<mark>両辺を0（ゼロ）で割ることになってしまっている</mark>のです。ここが破綻の原因です。

「数式を0（ゼロ）で割ってはいけません」
というのは皆さんご存知だと思います。でもその理由をわかっている人は多くないようです。いったいなぜ0で割ってはいけないのでしょうか？
　端的に言えば、数式を0で割ることを許すと、上の$2=1$の「証明」のように明らかにおかしな結論が得られてしまうからです。
　他の例も見てみましょう。

$$2 \times 3 = 6 \Leftrightarrow 2 = 6 \div 3$$

は、もちろん正しい同値変形ですが、これと同じように考えて0で割ることを許してしまうと、

$$2 \times 0 = 0 \Leftrightarrow 2 = 0 \div 0$$
$$3 \times 0 = 0 \Leftrightarrow 3 = 0 \div 0$$
$$4 \times 0 = 0 \Leftrightarrow 4 = 0 \div 0$$

と、2も3も4も「$0 \div 0$」に等しいことになって「$2=3=4$」というやはり明らかに間違った結論が得られてしまいます。<mark>数式を「0」で割ると同値変形が崩れて誤った結論を導いてしまうので、これを禁止することにしている</mark>のです。
　まだ納得できない人がいるかもしれませんね……今度はグラフを使って考えてみます。

$$a \div x = \frac{a}{x}$$

第3章　テクニック・その3　合理的に解を導く

ですから、ある数を0で割ることは $\frac{a}{x}$ の x に 0 を代入するのと同じです。ここで、

$$y = \frac{a}{x}$$

という反比例のグラフを思い出してください。

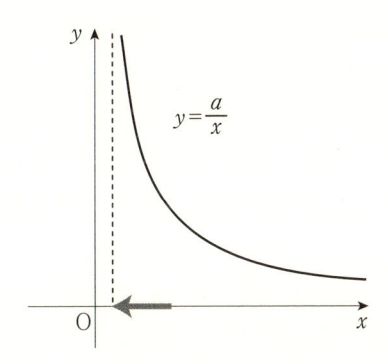

のようになるのでしたね（第4章で詳しく説明します）。

　このとき、分母の x に 0 に近い値を代入すると、対応するグラフ上の点がはるか上の方になる（y の値がとても大きくなる）ことがわかると思います。そして、ちょうど 0 を代入しようとすると、そこにはグラフが「ない」ことにも気づくでしょう。つまり、ある数を 0 で割った数は「存在しない数」なのです。存在しない数を使って議論を進めることは、少なくとも数学的にはナンセンスだと言わざるを得ません。

　たとえばコンピュータがプログラム上で「0」で割り算をしようとすると、多くのコンピュータはエラーに繋がり、時折未処理のままプログラムが中断することになります。実際、こんなことがありました。
　1997年、アメリカの誘導ミサイル巡洋艦USSヨークタウンは、搭載コンピュータが 0 による割り算を行なったために、全システムがダウンしてしまい、2時間30分にわたって航行不能に陥りました。後の報告によると搭載コンピュータのOSであったWindows NTに「0」を過剰認識してゼ

109

ロによる割り算を起こしてしまうバグがあり、これにより回線がパンクしてしまったことが原因だったとのことです。もし、これが飛行機の搭載コンピュータであったなら、きっと乗組員の命はなかったことでしょう。このように、0で割ってしまうことは命にかかわるのです！（半分冗談で半分本気です）

　ちょっと話がそれてしまいましたが、式変形において0で割ってしまうと、そこで同値変形は崩れてしまいます。
　具体的な数字を扱っているうちは0で割ってしまうミスには容易に気づくことができますが、**文字式の変形で割り算を行なうときには、その文字の値が0になる可能性があるかどうかをいつも考える癖をつけましょう。**そしてもし「0」になる可能性があるのなら、0でない場合に限定して（場合分けして）その後の議論を進めていく必要があります。先ほどの「等式の変形」の（4）のところにだけ「ただしC≠0」と書いてあるのはそういうわけです。

移項で方程式を解く

　では話を1次方程式に戻しましょう。等式の性質（1）〜（4）を使って方程式が解けることはわかりましたが、ちょっと面倒ですよね。そこで視覚的に変形ができるようにしておきましょう。さきほどの例で式変形の部分だけを抜き出すと、

$$2x + 1 = 5$$
$$\Leftrightarrow \quad 2x + 1 - 1 = 5 - 1$$
$$\Leftrightarrow \quad 2x = 4$$
$$\Leftrightarrow \quad \frac{2x}{2} = \frac{4}{2}$$
$$\Leftrightarrow \quad x = 2$$

でした。ここで2行目左辺の「＋1－1」は0になるので省略し、4行左

辺の「$\frac{2x}{2}$」は「x」と書いてしまうことにすると、

$2x + 1 = 5$
$\Leftrightarrow \quad 2x = 5 - 1$ 　【左辺の＋1が右辺に移って「－1」になった】
$\Leftrightarrow \quad 2x = 4$
$\Leftrightarrow \quad x = \frac{4}{2}$ 　【左辺の「×2」が右辺に移って「÷2」になった】
$\Leftrightarrow \quad x = 2$

となって、数字が「＝」をまたぐと逆演算（足し算→引き算、掛け算→割り算）になることがわかりますね！　このようにある項が「＝」をまたぐことを「**移項**」と言います。**移項によって演算が逆になることを使うと計算が早くできます。**

　移項による1次方程式の解き方を一般化しておきます。

移項による1次方程式の解き方

$$ax + b = p$$

のとき、

$$\Leftrightarrow \quad ax = p - b$$

$$\Leftrightarrow \quad x = \frac{(p - b)}{a}$$

　練習しておきましょうね。

問題
(1)　$3x + 1 = 4$
(2)　$x + 2 = 2x + 6$
(3)　$\frac{1}{2}x + 3 = \frac{1}{3}x$
(4)　$0.2x - 1 = -0.3x$

【解答】
(1) 基本形です。

$$3x + 1 = 4$$
$$\Leftrightarrow \quad 3x = 4 - 1$$
$$\Leftrightarrow \quad 3x = 3$$
$$\Leftrightarrow \quad x = \frac{3}{3}$$
$$\Leftrightarrow \quad \underline{x = 1}$$

(2) 基本形でないものはまず基本形に直します。

$$x + 2 = 2x + 6$$
$$\Leftrightarrow \quad x - 2x + 2 = 6 \quad \text{【}2x\text{を左辺に移項】}$$
$$\Leftrightarrow \quad -x + 2 = 6$$
$$\Leftrightarrow \quad -x = 6 - 2$$
$$\Leftrightarrow \quad -x = 4$$
$$\Leftrightarrow \quad x = \frac{4}{-1}$$
$$\Leftrightarrow \quad \underline{x = -4}$$

(3) 係数が分数のものは、両辺に分母の最小公倍数をかけて、係数を整数に直します（計算を楽にするためです）。今回は2と3の最小公倍数の6を両辺に掛けましょう。

$$\frac{1}{2}x + 3 = \frac{1}{3}x$$
$$\Leftrightarrow \quad \left(\frac{1}{2}x + 3\right) \times 6 = \frac{1}{3}x \times 6 \quad \text{【性質(3)両辺に同じ数を掛ける】}$$
$$\Leftrightarrow \quad \frac{1}{2}x \times 6 + 3 \times 6 = \frac{1}{3}x \times 6 \quad \text{【左辺は分配法則】}$$
$$\Leftrightarrow \quad 3x + 18 = 2x$$

$\Leftrightarrow \quad 3x - 2x + 18 = 0$

$\Leftrightarrow \quad x + 18 = 0$

$\Leftrightarrow \quad \underline{x = -18}$

(4) 係数が小数のものも、両辺に10や100などを掛けて係数を整数に直します（これも計算を楽にするためです）。今回は両辺に10を掛けます。

$$0.2x - 1 = -0.3x$$

$\Leftrightarrow \quad (0.2x - 1) \times 10 = -0.3x \times 10$

$\Leftrightarrow \quad 0.2x \times 10 - 1 \times 10 = -0.3x \times 10$

$\Leftrightarrow \quad 2x - 10 = -3x$

$\Leftrightarrow \quad 2x + 3x - 10 = 0$

$\Leftrightarrow \quad 2x + 3x = 10$

$\Leftrightarrow \quad 5x = 10$

$\Leftrightarrow \quad x = \dfrac{10}{5}$

$\Leftrightarrow \quad \underline{x = 2}$

おそらく、移項による解き方を知っている人は多いでしょう。でも知っているだけではダメです。移項は**等式の性質を使った同値変形であるという意識を持つことが大切**です。

「移項による1次方程式の解き方」（111頁）で等式の性質を意識すると次のようになります。

$\quad\quad ax + b = p$

$\Leftrightarrow \quad ax + b - b = p - b$ 　【性質（2）両辺から同じ数を引く】

$\Leftrightarrow \quad ax = p - b$

$\Leftrightarrow \quad \dfrac{ax}{a} = \dfrac{p-b}{a}$ 　【性質（4）両辺を同じ数で割る】

$\Leftrightarrow \quad x = \dfrac{p-b}{a}$

次のような答案を書いてしまう生徒さんが時々います。

$$x = \frac{1}{2}x + 1 = x + 2$$

書いた本人からすれば、
「『分数は整数に直す』って習った！」
という思いで右辺だけを2倍したのだと思いますが、右辺だけを2倍した瞬間に同値変形は崩れます。実際、上の計算を続けると、

$$x = x + 2$$

となって、

$$0 = 2$$

という明らかに矛盾する答えが得られてしまいますね。こういう生徒さんは「＝」を句読点のように軽く考えてしまうのでしょう。教師のほうも「＝」がいかに厳密な意味なのかを口を酸っぱくして説く必要があります。

正しさは結論にではなく、プロセスにある

　結論だけを見ても、その結論が正しいかどうかはわかりません。どんなにもっともな結論だとしてもそれが導かれたプロセスにおいて同値変形が崩れていれば、それは正しくありません。反対にどんなに意外な結論だとしても、プロセスに同値変形が成立しているのなら、その結論は宇宙の真理を表していることになります。
　正しさはいつもプロセスにあるのです。私が前著で公式や定理の証明にこそ本質があると繰り返し書いたのはこれが理由です。

　「論理のすりかえ」という言葉を耳にすることがあると思います。同値変形ではない言い換えによって、論理をねじ曲げてしまうことですね。たとえば、赤信号を無視して捕まったドライバーが、
　「他の人も無視しているのだから見逃してくれよ」

と言っても通りません。

赤信号を無視したから逮捕された

ことと、

他の人もやっているから、自分も逮捕されるべきではない

は論理的にまったく同値ではないからです。

　言うまでもなく、逮捕されたのは「赤信号を無視してはならない」という法律を犯したからです。「他の人がやっている」ことは逮捕されない理由にはなりません。
　また本当は相殺できない事柄を持ちだして相手の言い分を帳消しにしようとする人もいます。収賄によって不正に金銭を受け取った政治家を、
「あの人は面倒見のよい人だ」
と言って擁護しても、収賄の罪と人情に厚いことは相殺できる事柄ではないので、無意味です。
　他にも論点をすりかえたり、本当は因果関係がないことをさも因果関係があるかのように言ったり……世の中に非論理的な言い換え、いわゆる「詭弁」の類はあふれています。しかし、詭弁によって得られた結論（答え）はいつも間違っています。

　一方、論理的なプロセスによって導かれた「答え」は、たとえ上司であっても、国が違っても、時には時代を隔てても相手を納得させる圧倒的な「正しさ」を持っています。==論理的な思考力によって正しい答えを得たいのなら、そして誰かを納得させたいのなら、プロセスにおいて同値変形を意識することは欠かせません。==１次方程式を解くことを通じてぜひその感覚を磨いてください。

連立方程式（中学2年生）

未知数の数だけ方程式が必要

次は未知数（値がわからない数）が複数ある方程式の解き方を見ていきましょう。xとyの2つが未知数の、

$$x + 2y = 4 \quad \cdots\cdots ①$$

のような方程式について考えていきます。まずは原始的にいくつか値をあてはめてみましょう。たとえばxが0だとすると、

$$0 + 2y = 4$$
$$2y = 4$$
$$y = 2$$

ですね。つまり、$(x, y) = (0, 2)$ というのはこの方程式の解です。

次にxが1だとすると、

$$1 + 2y = 4$$
$$2y = 4 - 1$$
$$2y = 3$$
$$y = \frac{3}{2}$$

ですから、$(x, y) = \left(1, \frac{3}{2}\right)$ というのもこの方程式の解ですね。
実は、この方程式の解（この式を満たす値）は他にも、

$$(x, y) = (2, 1)、\left(3, \frac{1}{2}\right)、(4, 0)、\left(5, -\frac{1}{2}\right)、(6, -1)\cdots\cdots$$

とたくさん（というか無数に）あります。

「あれ？」と思いますよね。方程式の解というのは「特定の解」のはずなのに無数に解があるなんて……。こんなことになったのは、未知数の数に対して方程式が足りないからです。

方程式というのは、未知数が満たすべき条件を表しているのでいわば制約（ルール）です。一方、未知数の数は自由度であると考えることができます。未知数が2つのとき、自由度は2つです。そこに方程式が1つ与えられると制約が1つ増えて、自由度が1つ失われます。でもまだ1つ自由度が残っている（前か後ろには動ける）ので、(x, y)は無数の解を持ちます。方程式の解を1つに決めるためには、自由度を0にする必要があります。自由度が0になると(x, y)は前にも後ろにも右にも左にも上にも下にもまったく動けなくなり、値が決まるというわけです。動けなくなったとき、(x, y)は点になります。点は0次元です。私たちが方程式を解くときの目標は0次元（点）になるまで解を絞り込むことなのです。

自由度を0にする、すなわち「答え」を定めるためには、未知数の数（自由度）と方程式（制約）の数が一致していなければなりません。

これからは両者の数が一致しているかどうかを最初に確認するようにしましょう。もし方程式の数が足りないときは解き始めないように。徒労に終わります……(>_<)

> ただし、与えられた方程式が、
> $$A^2 + B^2 = 0$$
> のような特別な形をしているときは、
> $$A^2 + B^2 = 0 \Leftrightarrow A = 0 \text{かつ} B = 0$$
> であることから方程式が1つでも解くことができます。

ということで未知数が2つの場合は方程式が2つ必要ですから、ここにもう1つ、

$$3x - y = 5 \quad \cdots\cdots ②$$

という方程式を用意します。最初の①式と並べて書いておきましょう。

$$\begin{cases} x + 2y = 4 & \cdots\cdots ① \\ 3x - y = 5 & \cdots\cdots ② \end{cases}$$

このように2つ以上の方程式を組にしたものを連立方程式と言います。

> 正確には「2元連立1次方程式」と言います。「元」とは未知数のことです。

中学で学ぶ連立方程式の解き方には2つあります。1つは代入法、もう1つは加減法です。

代入法

代入法は次のような手順で行ないます。

代入法の手順
（ⅰ）消去したい文字を決める
（ⅱ）ⅰで決めた文字について解く
（ⅲ）他の式に代入

先ほどの例についてやってみます。

$$\begin{cases} x + 2y = 4 & \cdots\cdots ① \\ 3x - y = 5 & \cdots\cdots ② \end{cases}$$

（ⅰ）消去したい文字を決める
　このケースではxでもyでも大差ないので、とりあえずxを消去するこ

とにします。

(ⅱ) ⅰで決めた文字について解く
　①の式をxについて解き直す（"$x=$"の形にする）と、

$$x = 4 - 2y \quad \cdots\cdots ③$$

(ⅲ) 他の式に代入
　③を②に代入すると、

$$3(4 - 2y) - y = 5$$
$$12 - 6y - y = 5$$
$$-7y = -7$$
$$y = \frac{-7}{-7}$$
$$y = 1$$

③より、

$$x = 4 - 2 \times 1$$
$$= 2$$

よって、$(x, y) = (2, 1)$ と求まります。

加減法

　加減法の手順は次の通りです。

加減法の手順
（ⅰ）消去したい文字を決める
（ⅱ）ⅰで決めた文字の係数が揃うように与えられた式を定数倍する
（ⅲ）2つの式を足したり、引いたりしてⅰの文字を消す

同じ例題についてやってみましょう。

(ⅰ) 消去したい文字を決める
今度はyを消去することにします（xでも構いません）。

(ⅱ) ⅰで決めた文字の係数が揃うように与えられた式を定数倍する
②式を2倍します。
　　　②×2：　　　　$6x - 2y = 10$　　　…③

(ⅲ) 2つの式を足したり、引いたりしてⅰの文字を消す
①と③を合わせます。

$$x + 2y = 4 \quad \cdots\cdots ①$$
$$+)\underline{6x - 2y = 10} \quad \cdots\cdots ③$$
$$7x \quad\quad = 14$$

よって、

$$x = \frac{14}{7}$$
$$x = 2$$

①式に代入して

$$2 + 2y = 4$$
$$2y = 2$$
$$y = \frac{2}{2}$$
$$y = 1$$

以上より、もちろん代入法と同じ $(x, y) = (2, 1)$ を得ます。

これらの方法を覚えていた人は思い出してください。どちらの方法を好

んで使っていましたか？　実は中学生にこの2つの解き方を教えると半数以上の生徒がどんな問題であっても「加減法」で解くようになります。確かに加減法は未知数が2つの場合はわかりやすい（式変形しやすい）のですが、未知数が増えてきて方程式の数が多くなると、有効な手段とは言えません。なぜならどの式とどの式を足したり引いたりしたら、未知数を消せるかが見抜きづらくなるからです。対して**代入法は万能**です。

　また連立方程式に限らず文字を使って立式している以上、**私たちはいつも未知数を消去していくことを考えなくてはいけません。**これは代数の最も重要な基本方針です。そのときにこの代入法の手順、すなわち、
　「消去したい文字を決める→決めた文字について解く→他の式に代入」
が活躍します。ぜひ、代入法のスキルを磨いておいてください。

> 詳しくは『大人のための数学勉強法』の60頁以降をご覧ください。

2次方程式（中学3年生）

最も簡単な2次方程式

　2次方程式のうち、一番簡単なものは次の形です。

$$x^2 = P$$

　この方程式は「ある数を2乗するとPになる」と言っているわけですが、そのような数のことを何と言うのでしたっけ？　そうですね。2乗してPになる数のことをPの平方根と言うのでした。そして、一般にPの平方根は正のものと負のものが2つあり正のほうを$\sqrt{P}$と書くと約束しました。つまり、

$$\begin{aligned} x^2 &= P \\ \Leftrightarrow\quad x &= \pm\sqrt{P} \end{aligned}$$

となります。

（例）

$$\begin{aligned} x^2 &= 7 \\ \Leftrightarrow\quad x &= \pm\sqrt{7} \end{aligned}$$

　今後式が複雑になったとしても、2次方程式を解くときはいつも、

$$(\quad)^2 = P$$

の形を作ることが目標になります。与えられた2次方程式をこのカタチに変形できれば、

第 3 章　テクニック・その 3　合理的に解を導く

$$(\quad) = \pm\sqrt{P}$$

と解くことができるからです。

　残念ながら、ほとんどの 2 次方程式は上のような簡単な形をしていません。多くの 2 次方程式は、

$$ax^2 + bx + c = 0$$

の形をしています。私たちの最終的な目標はこの形の 2 次方程式を解けるようになることです。
　さあ、ここでぐっとレベルが上がります。でも大丈夫です。1 つずつ階段を登れば必ずできるようになります！

平方完成

　まずは準備として平方完成という式変形を学びます。平方完成とは 2 次式を（1 次式）^{2} の形に表す式変形のことを言います。
　式で書くと、$ax^2 + bx + c$ を、

$$ax^2 + bx + c = a(x + m)^2 + n$$

とする変形が平方完成です。
　脅かすわけではありませんが、平方完成はとても難しい式変形です。逆に言えば平方完成ができるようになれば、中学数学における式変形は卒業です。卒業試験のつもりで頑張ってください！
　前章の因数分解で、

$$x^2 + 2kx + k^2 = (x + k)^2$$

になることは学びました。この式を少し変形して、

$$x^2 + 2kx = (x + k)^2 - k^2$$

とします。はい！　この式が平方完成の基礎になります。私は勝手にこれを「平方完成の素(もと)」と呼んでいます。

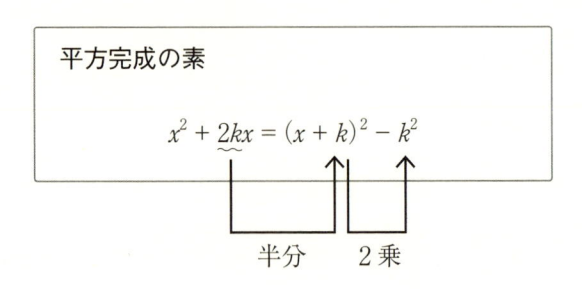

```
┌─────────────────────────────────────┐
│ 平方完成の素                          │
│                                     │
│         $x^2 + 2kx = (x + k)^2 - k^2$ │
│              ↑         ↑      ↑     │
│            半分       2乗           │
└─────────────────────────────────────┘
```

文字式ではピンと来ないですよね。いくつか具体的にやってみます。

（例）

$$x^2 + 6x = (x + 3)^2 - 9$$

　　　半分　　2乗

$$x^2 - 10x = (x - 5)^2 - 25$$

　　　半分　　2乗　【$(-5)^2 = 25$】

$$x^2 + 3x = \left(x + \frac{3}{2}\right)^2 - \frac{9}{4}$$

　　　半分　　2乗

少し慣れましたか？
ではこれを使って次の2次方程式を解いてみましょう。

第 3 章　テクニック・その 3　合理的に解を導く

$$x^2 + 6x - 1 = 0$$

上の例にもあるように、

$$x^2 + 6x = (x+3)^2 - 9$$

ですから、

$$\begin{aligned}
& x^2 + 6x - 1 = 0 \\
\Leftrightarrow\ & \boxed{x^2 + 6x} = 1 \\
\Leftrightarrow\ & \boxed{(x+3)^2 - 9} = 1 \qquad \text{【グレーの部分が平方完成の素】} \\
\Leftrightarrow\ & (x+3)^2 = 1 + 9 \\
\Leftrightarrow\ & (x+3)^2 = 10 \qquad \text{【←ここが目標地点でしたね！】} \\
\Leftrightarrow\ & x + 3 = \pm\sqrt{10} \\
\Leftrightarrow\ & x = -3 \pm \sqrt{10}
\end{aligned}$$

はい！　解けました＼(^o^)／

　平方完成の素が使えるようになれば、平方完成はもうできたも同然です。たとえば、

$$2x^2 + 8x + 1$$

という 2 次式を平方完成してみましょう。

$$\begin{aligned}
2x^2 + 8x + 1 &= 2(x^2 + 4x) + 1 \qquad \text{【x^2の係数で定数項以外をくくる】} \\
&= 2\{(x+2)^2 - 4\} + 1 \qquad \text{【グレーの部分が平方完成の素】} \\
&= 2(x+2)^2 - 8 + 1 \qquad \text{【\{ \}を外して分配法則】} \\
&= 2(x+2)^2 - 7 \qquad \text{【整理】}
\end{aligned}$$

となって完成です(^_-)-☆

解の公式を導く

　ではいよいよ、より一般的な形すなわち係数もすべて文字の 2 次方程式

を解いてみます。一般的な2次方程式は次の形で与えられます。

$$ax^2 + bx + c = 0$$

c を右辺に移項すると、

$$ax^2 + bx = -c$$

です。こうしておいてから左辺に「平方完成の素」を使うと

$$ax^2 + bx = a\left(x^2 + \frac{b}{a}x\right) = a\left\{\left(x + \frac{b}{2a}\right)^2 - \left(\frac{b}{2a}\right)^2\right\} = a\left\{\left(x + \frac{b}{2a}\right)^2 - \frac{b^2}{4a^2}\right\}$$

半分　2乗

ですね（最初に a で無理矢理くくるのもポイントです）。グレーの部分に平方完成の素を使っているのがわかりますか？　以上より、

$$ax^2 + bx = -c$$
$$\Leftrightarrow \quad a\left\{\left(x + \frac{b}{2a}\right)^2 - \frac{b^2}{4a^2}\right\} = -c$$

と変形できることになります。分配法則を使って { } を外すと、

$$a\left(x + \frac{b}{2a}\right)^2 - \frac{b^2}{4a} = -c$$

$-\dfrac{b^2}{4a}$ を移項して、

$$a\left(x + \frac{b}{2a}\right)^2 = \frac{b^2}{4a} - c$$

右辺を通分します。

$$\frac{b^2}{4a} - c = \frac{b^2}{4a} - \frac{4ac}{4a} = \frac{b^2 - 4ac}{4a}$$

$$a\left(x + \frac{b}{2a}\right)^2 = \frac{b^2 - 4ac}{4a}$$

両辺を a で割って

$$\left(x + \frac{b}{2a}\right)^2 = \frac{b^2 - 4ac}{4a^2}$$

【←ここが目標でしたね！】

$$\Leftrightarrow \quad x + \frac{b}{2a} = \pm\sqrt{\frac{b^2 - 4ac}{4a^2}}$$

分母は $\sqrt{4a^2} = \sqrt{(2a)^2} = 2a$

$$\Leftrightarrow \quad x + \frac{b}{2a} = \pm\frac{\sqrt{b^2 - 4ac}}{2a}$$

$$\Leftrightarrow \quad x = -\frac{b}{2a} \pm \frac{\sqrt{b^2 - 4ac}}{2a}$$

$$\Leftrightarrow \quad x = \frac{-b \pm \sqrt{b^2 - 4ac}}{2a}$$

ふぅ。長い道のりでしたね。式変形を追いかけるのは大変だったと思いますが、これは2次方程式の一般形の解なので、私たちはとうとうどんな2次方程式も解けるようになりました＼(^o^)／

最後の形は「2次方程式の解の公式」と呼ばれています。

2次方程式の解の公式

$$ax^2 + bx + c = 0 \quad (a \neq 0)$$

のとき、

$$x = \frac{-b \pm \sqrt{b^2 - 4ac}}{2a}$$

第3章　テクニック・その3　合理的に解を導く

> 実は、2次方程式の解の公式は2002年から2011年まで実施された指導要領では中学数学から消えていました。当時、作家の曾野綾子氏が「私は2次方程式もろくにできないけれども、65歳になる今日まで全然不自由しなかった」と発言したのを受けて、夫で教育課程審議会（現中央教育審議会）の会長だった三浦朱門氏が「教科内容の厳選を行なう必要がある」と求めたことが契機になったと言われています。しかし、この指導要領によるいわゆる「ゆとり教育」は学力の低下を招いたとして批判も少なくなかったため2012年から完全実施されている新課程では2次方程式の解の公式は中学数学のカリキュラムに復活しています。

2次方程式のもう1つの解き方（因数分解による解法）

2次方程式は解の公式以外にも解く方法があります。因数分解を使う方法です。たとえば次のような2次方程式。

$$x^2 - 5x + 6 = 0$$

実はこの式の左辺は因数分解をすることができます。第2章で学んだ、

$$x^2 + (a+b)x + ab = (x+a)(x+b)$$

を使います。今回は、

$$\begin{cases} a + b = -5 \\ ab = 6 \end{cases}$$

なので、積が6で和が-5である組み合わせを考えると、

$$\begin{cases} a = -2 \\ b = -3 \end{cases} \quad 【\leftarrow a = -3、b = -2 と考えてもよい】$$

であることがわかりますね。つまり、

$$x^2 - 5x + 6 = 0$$
$$\Leftrightarrow (x-2)(x-3) = 0$$

です。

$$A \times B = 0$$
$$\Leftrightarrow \quad A = 0 \quad または \quad B = 0$$

ですから、

$$(x-2)(x-3) = 0$$
$$\Leftrightarrow \quad x - 2 = 0 \quad または \quad x - 3 = 0$$
$$\Leftrightarrow \quad \underline{x = 2 \quad または \quad x = 3}$$

と求まりました＼(^o^)／

　ステップ2で因数分解を学んだとき、因数分解は式の情報量を増やすための式変形だと書きました。ここでそのことを実感してもらえたのではないでしょうか？

　最初の2次方程式、

$$x^2 - 5x + 6 = 0$$

は左辺が、x^2 と $-5x$ と 6 の和になっているため、情報量が少なくてこのままでは解がわかりませんが、因数分解をすることで $(x-2)$ と $(x-3)$ の積になり、情報量が増えて解を求めることができたのです。

　ちなみに、解の公式は万能ですからこの2次方程式も、

$$x = \frac{-(-5) \pm \sqrt{(-5)^2 - 4 \times 1 \times 6}}{2 \times 1}$$
$$= \frac{5 \pm \sqrt{25 - 24}}{2}$$
$$= \frac{5 \pm \sqrt{1}}{2}$$
$$= \frac{5 \pm 1}{2} = \frac{5 + 1}{2} \quad または \quad \frac{5 - 1}{2}$$
$$= 3 \quad または \quad 2$$

と解くことができます。因数分解ができるときは確かに因数分解のほうが計算も楽で簡明ですが、だからと言って与えられた2次方程式に対していつまでも因数分解ができるかどうかを考えているのは時間のむだです。私は30秒考えても因数分解ができないときは、解の公式を使うことにしています。

「答えがない」こともある！

　解の公式は万能だと言ったばかりですが、実は2次方程式には解けないものがあります！
　たとえば……

$$x^2 + x + 1 = 0$$

という2次方程式です。これは因数分解できそうもないので、解の公式を使ってみましょう。

$$x = \frac{-1 \pm \sqrt{1^2 - 4 \times 1 \times 1}}{2}$$

$$= \frac{-1 \pm \sqrt{1-4}}{2}$$

$$= \frac{-1 \pm \sqrt{-3}}{2}$$

　はい。一応解けました。でも、√の中が負の数（−3）になってしまいましたね。
　いいのかな〜……よくありません！（笑）　だって、$\sqrt{-3}$ は「2乗すると−3になる数（のうち正のほう）」ということですが、2乗して負になる数などこの世に存在しません。このように2次方程式を解いて√の中が負になるとき、その2次方程式は中学数学の範囲では「解なし」だということになります。

第3章 テクニック・その3 合理的に解を導く

> 2乗して負になる数のことを「虚数 (imaginary number)」と言います。実際には存在しない、という意味で「虚」という字がついています。英語からもわかるようにこの数は想像上のものです。虚数は高校2年生で学びます。虚数に対して「普通の数」のことを実数 (real number) と言います。「中学数学の範囲」とはすなわち実数の範囲のこと。上の問題は正確には「実数解はなし」ということになります（虚数解はあります）。

「解がない」なんて変ですよね。実は私も2次方程式を最初に習ったとき「解がない」ケースがあることをとても不思議に思いました。1次方程式のときにはそんなことはあり得なかったからです。でも解がないからと言ってがっかりしないでください。==答えがない、ということは何らかの限界を表している可能性があります。==

1つ例を出しましょう。アインシュタインの相対性理論（いきなり飛躍しすぎですね…すいません）によると、質量mの質点が速度vで移動するときの運動エネルギーEは次のように表されます。

$$E = \frac{mc^2}{\sqrt{1 - \frac{v^2}{c^2}}}$$

cは光速（約3.0×10^8 [m／秒]）です。この式は、vに0を代入すると、

$$E = mc^2$$

という有名な式にもなりますが、同時に速度vはcより大きくなり得ないことも示しています。なぜなら上の式のvにcより大きな値を代入すると$\sqrt{}$の中が負になってしまうからです。

逆に物体にどんなに大きなエネルギーを与えても、速度は光速を超えられないことも示唆しています。では与えたエネルギーはどこにいくのでしょう？ 何と！ 質量になります。これを相対論的質量と言います……この辺でやめておきますね(^_^;)

いずれにしても光速を超える速度は「答え」になり得ないことから、速

度には「限界」があることがわかりました。またそれは「相対論的質量」という画期的なアイディアにも発展しました。答えがないからそこで終わりではなく、答えがないことの意味を考えることでまた新たな思索の森へと分け入ることができるのです。

　では2次方程式で「答えがない」ことはどんな限界を表しているのでしょうか？　それは……関数とグラフの関係、連立方程式の解とグラフの交点の関係などを学ぶうちに明らかになります。しかもその理解は最大値や最小値が1次関数にはないのに、2次関数にはある理由にも通じます。なんだか好奇心がウズウズしませんか？　次章でまとめてお話しますので、楽しみにしておいてください！

方程式の応用
（中学１年生～中学３年生）

ルールを見つけてモデル化する

　いよいよ方程式を使って文章題を解いていきます。連立方程式のところにも書きましたが、方程式というのは制約です。未知数が従うべきルールを表しています。目の前の問題から方程式を立てるには、未知数が従うべきルールを見つければよいのです（言うは易し）。ただし文章題に見つけられるルールは言葉ですからすぐに式が立てられるとは限りません。現実の事柄を数式に訳すときには、大抵余計な情報をそぎ落とす必要があります。あるいはある種の近似が必要なケースもあります。

　方程式を立てることは一般には簡単ではありませんが、ひとたび式が立ち上がれば、私たちはそこに問題の本質を見ることができるでしょう。なぜならそこでは文字式によって本質がモデル化されているからです。

　まとめますと、方程式を立てる手順は次の通りです。

> **方程式を立てる手順**
> ① 制約（ルール）を見つける
> ② 余計な情報をそぎ落としてモデル化する

　算数では文章題といえば〇〇算と名付けられた特殊算にあてはめるために問題をパターン分けすることから始まったかもしれません。しかし、方

程式を使えるようになればその必要はなくなります。
　では、具体的な問題を通して本質をモデル化するテクニックを磨いていきましょう。

> **問題**　1個2750円の棚を10個、板を5枚購入する。これらを家まで送ってもらうのに送料が品物の合計金額の4％かかり、また100円未満の金額を引いてもらったので支払った金額は33200円であった。引いてもらった金額は板1枚の値段の1割より10円安かったという。板1枚の値段を求めなさい。
> ただし、商品の価格や送料に対する消費税は考えないものとする。
>
> 　　　　　　　　　　　　　　　　　　　　　　　　［帝塚山高校］

【解答】
　思わず「うわ～」と逃げ出したくなるような問題ですね（すいません）。でも、待ってください！　ステップを踏めば必ず立式できます。まずは問題文の中から制約を探しましょう。制約を見つける基本は何と何が等しいのかを考えることです。今回は、棚と板の合計金額と送料を合わせたものから引いてもらった金額を差し引けば、支払った金額（33200円）に等しくなりますね。これを少し数式っぽく表せば、

　　棚と板の合計金額＋送料－引いてもらった金額＝33200円　……☆

となりそうです。あとは、余計な情報をそぎ落とせばこれが方程式になります。金額についての問題なので、棚であることや板であること等は「不必要な情報」として割愛し、金額だけを抽出して式にしていきます。「板1枚の値段」がわからないのでこれを x 円としましょう。
　「棚と板の合計金額」は「2750円の棚を10個、板を5枚」とありますから、

$$2750 \times 10 + x \times 5 = 27500 + 5x \text{[円]}$$

ですね。
　次に送料ですが「送料が品物の合計金額の４％かかり」とありますので、

$$(27500 + 5x) \times \frac{4}{100} = 27500 \times \frac{4}{100} + 5x \times \frac{4}{100}$$

$$= 1100 + \frac{1}{5}x [円]$$

と計算できます。
　残るは「引いてもらった金額」です。引いてもらったのは「100円未満の金額」とありますが、これではそれがいくらかわかりませんね。でもよく読むと最後のほうに「引いてもらった金額は板１枚の値段の１割より10円安かった」とあります。これを使いましょう。

$$引いてもらった金額 = 板１枚の値段の１割 - 10円$$

ですから、「引いてもらった金額」は、

$$x \times \frac{1}{10} - 10 = \frac{1}{10}x - 10 [円]$$

となります。以上を☆の式に代入していきます。

$$(27500 + 5x) + (1100 + \frac{1}{5}x) - (\frac{1}{10}x - 10) = 33200$$

　はい、できました！＼(^o^)／
　これがこの問題の本質がモデル化された姿です。あとは計算あるのみ！
（　）を外して整理すると、

$$5x + \frac{1}{5}x - \frac{1}{10}x + 27500 + 1100 + 10 = 33200$$

$$\Leftrightarrow \quad 5x + \frac{1}{5}x - \frac{1}{10}x + 28610 = 33200$$

$$\Leftrightarrow 5x + \frac{1}{5}x - \frac{1}{10}x = 33200 - 28610$$

$$\Leftrightarrow 5x + \frac{1}{5}x - \frac{1}{10}x = 4590$$

分母の5と10の最小公倍数10を両辺に掛けて、

$$\Leftrightarrow (5x + \frac{1}{5}x - \frac{1}{10}x) \times 10 = 4590 \times 10$$

$$\Leftrightarrow 50x + 2x - x = 45900$$

$$\Leftrightarrow 51x = 45900$$

$$\Leftrightarrow x = \frac{45900}{51}$$

$$\Leftrightarrow x = 900$$

以上より板1枚の値段は900円です。

　いかがでしたか？ のっけから随分ややこしい問題でした。でも制約を見つけてその中から必要な情報を抽出し、1つずつ丁寧に数式に訳していけば、文章題は必ず立式できます。繰り返しますがポイントは「何と何が等しいか」を考えることと、余計な情報をそぎ落とすことです。

　次はこんな問題です。

> **問題** ある仕事をやり切るのにAさんは2時間かかり、Bさんは3時間かかります。この仕事をAさんとBさんがはじめから一緒にやると何時間で終わりますか？

　いわゆる仕事算の問題です。仕事算はSPI試験にも出題されますので、

① 全体の仕事量を1とする

② それぞれが1時間でできる仕事量を分数で表す

$$A : \frac{1}{2} , \quad B : \frac{1}{3}$$

③ ②の分数を足し算する。

$$\frac{1}{2} + \frac{1}{3} = \frac{3+2}{6} = \frac{5}{6}$$

④ 「1÷③の答え」を求める

$$1 \div \frac{5}{6} = 1 \times \frac{6}{5} = \frac{6}{5} = 1.2 [時間]$$

という算数的な方法が記憶に新しい人もいるかもしれませんね。でも、方程式が使えるようになればこのような「解法」は必要なくなります。先ほどと同じように何と何が等しいのかを考えましょう。

この問題文で「変わらないもの」はある仕事の仕事量です。また聞かれているのはAさんとBさんが一緒にやった場合にかかる時間ですから、これをx時間としましょう。そうすると

　　　仕事量＝Aさんの能力×2時間
　　　　　　＝Bさんの能力×3時間
　　　　　　＝(Aさん＋Bさん)の能力×x時間

という式が立てられそうですね。ここでAさんの能力をa、Bさんの能力をbとします。すると、

> 上の「能力」は我ながら曖昧な表現です(^_^;)。
> 一体これは何を表しているのでしょうか？　式を見ると、
>
> $$仕事量＝能力 \times 時間$$
>
> になっていますから、ここでいう「能力」とは、
>
> $$能力 = \frac{仕事量}{時間}$$
>
> という、1時間あたりに行なう仕事量を表す割合であるとわかります。
> 一般にはこれを「仕事率」と言います。

$$(仕事量＝)a \times 2 = b \times 3 = (a+b) \times x$$

つまり、

$$2a = 3b = (a+b)x$$

ですね。これより、

$$2a = 3b \quad \cdots\cdots ①$$
$$2a = (a+b)x \quad \cdots\cdots ②$$

と連立方程式が立てられそうです。今回は随分とシンプルな形になりました。これがこの問題の本質です。

> 一般に、
>
> $$A = B = C$$
>
> は、
>
> $$\begin{cases} A = B \\ A = C \\ B = C \end{cases}$$
>
> のうちのいずれか2つを連立したものと同値になります。2つを選んで連立すると、残った3つめからは新しい情報を得ることはできません。たとえば、AさんとBさんの身長が同じで、AさんとCさんの身長が同じことがわかれば、BさんとCさんの身長が同じであることは当たり前だからです。

①から $a = \cdots\cdots$ の形を作るのは簡単そうなので、代入法で行きましょう。

①より、
$$a = \frac{3}{2}b \quad \cdots\cdots ③$$

③を②に代入します。

$$\Leftrightarrow \quad 2 \times \frac{3}{2}b = \left(\frac{3}{2}b + b\right)x$$

$$\Leftrightarrow \quad 3b = \frac{5}{2}bx$$

両辺を2倍します。

$$\Leftrightarrow \quad 3b \times 2 = \frac{5}{2}bx \times 2$$

$$\Leftrightarrow \quad 6b = 5bx$$

求めたいのは x なので $x = \cdots\cdots$ の形にするために左右逆に書きます。

$$\Leftrightarrow \quad 5bx = 6b$$

$5b \neq 0$ なので（要確認！）両辺を $5b$ で割ることができて、

$$\Leftrightarrow \quad x = \frac{6b}{5b} = \frac{6}{5} = \underline{1.2}$$

よって、AさんとBさんがはじめから一緒にやると1.2時間です。

最後は2次方程式の文章題をやってみましょう。

> **問題** 井戸の口から石を落とす。その石を落としてから水面に着いた音が返ってくるまでの時間は$\frac{35}{17}$秒であった。ものが落下する時、落下距離は時間の2乗に比例し、その比例定数は5である。音速が毎秒340mであるとき、井戸の口から水面までの距離を求めなさい。
>
> 　　　　　　　　　　　　　　　　　　　　　　　　　　［海城高校］

【解答】
　今回も何と何を等しいとおけばよいかを考えて、制約を見つけます。石が落ちるときと音が返ってくるときで変わらないものは何でしょう？　そうですね。「井戸の口から水面までの距離」が変わらない量です。ということで、

$$\text{石が落ちる距離} = \text{音が返ってくる距離} \quad \cdots\cdots ☆$$

という式を立てていくわけですが、ちょっと困りました。実は聞かれているものがまさに「井戸の口から水面までの距離」なので、これをxとしてしまうと、

$$x = x$$

という当たり前の式（実は恒等式）ができてしまってこれ以上先に進めなくなってしまいます。そこで今回は他のものをxとおきましょう。「石が落ちる距離」と「音が返ってくる距離」を表そうとするときに問題文に足りないものを探します。それは……石を落としてから水面につくまでの時間ですね。そこでこれをx秒とします。

　「石が落ちる距離」は問題文に「落下距離は時間の2乗に比例し、その比例定数は5である」とありますので、

$$\text{石が落ちる距離} = 5x^2 \quad \cdots\cdots ①$$

と書けそうです。

第 3 章　テクニック・その 3　合理的に解を導く

> 「y が x に比例する」を数式に訳すと、
>
> $$y = ax \quad (a \text{ は比例定数})$$
>
> となります（詳しくは第 4 章で解説します）。

　「音が返ってくる距離」は「石を落としてから水面に着いた音が返ってくるまでの時間は $\frac{35}{17}$ 秒であった」ことと「音速が毎秒340m」であることを使えばよいのですが、$\frac{35}{17}$ 秒は石を落としてからの時間なので、石が水面に着いてから音が返ってくるのにかかった時間は $\frac{35}{17} - x$ [秒] であることに注意です。

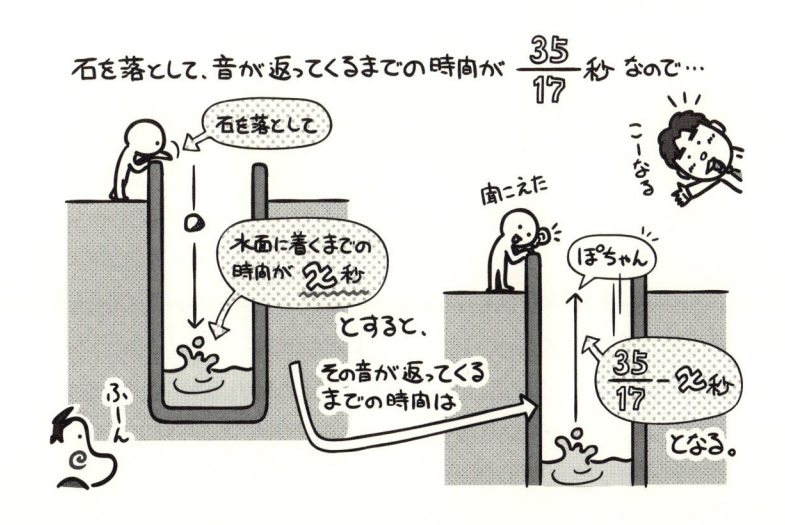

　距離は速度×時間なので、

$$\text{音が返ってくる距離} = 340 \times \left(\frac{35}{17} - x\right)$$

$$= 340 \times \frac{35}{17} - 340x$$

$$= 700 - 340x \quad \cdots\cdots ②$$

①と②を☆の式に代入しましょう。

$$5x^2 = 700 - 340x$$

今回の問題の本質はこんな形をしています。**あとは計算です。**
右辺を0の形（標準型）にするために右辺のものを左辺に移項します。

$$5x^2 + 340x - 700 = 0$$

係数がすべて5の倍数ですからこれで両辺を割ってしまいましょう。

$$x^2 + 68x - 140 = 0$$

さあこの式は因数分解できるでしょうか？　ちょっと見つけづらいですができます。積が－140で和が68ですから－2と70です。

$$x^2 + 68x - 140 = 0$$
$$\Leftrightarrow \quad (x - 2)(x + 70) = 0$$
$$\Leftrightarrow \quad x - 2 = 0 \quad \text{あるいは} \quad x + 70 = 0$$
$$\Leftrightarrow \quad x = 2 \quad \text{あるいは} \quad x = -70$$

x は石を落としてから水面に着くまでの時間でしたから正の数なので、$x = -70$ は明らかに不適です。よって、$x = 2$ です。

まだ終わりじゃありませんよ～。求めるのは「井戸の口から水面までの距離」ですから、①の式に代入して（②に代入してもよい）、

$$5 \times 2^2 = 20$$

よって求める答えは20[m]です。

　いよいよ次章では比例と反比例からスタートして関数とそのグラフの理解にまで進んでいきます。次章で中学数学の代数的な内容は仕上がります！

第 **4** 章

テクニック・その4
因果関係をおさえる

因果関係をおさえるには

> **ポイント**
> ・1対1対応を見つける。
> ・「線形」と「非線形」の関係を使いこなす。

　ナポレオンが数学を抜群に得意にしていた話は有名です（ナポレオンの定理と呼ばれる定理もあります）が、日本の武将では豊臣秀吉も数学的なセンスを持っていたそうです。
　あるとき秀吉は数十名の家臣を裏山に連れて行き、
　「ここに生えている木の本数を正確に数えよ」
と命じました。家臣たちはすぐに散らばって数え始めました。しかし、5分と経たないうちに混乱が生じます。家臣Aが数えていると別の家臣Bが、
　「あー、そこはもう拙者が数え申した」
　「それなら、ここの10本はお主のから引いておいてくだされ」
　「承知つかまつった」
そこに別の家臣Cも通りすがり、
　「そこの木は拙者がすでに数えておる」
　「え〜〜！」
みたいなことがあちこちで起きたからです。音を上げた家臣たちが秀吉のもとに戻り、
　「殿、無理でございます……」
と言うと、秀吉は、
　「ここに1000本の紐がある。今度はこれを1本ずつ、すべての木に結んで来るのじゃ。もう数は数えなくてよいぞ」
と言いました。それならできると家臣たちはまた山に入っていきました。

そして約30分後、
「殿、すべての木に結び終わりました」
「では、残った紐をここに集めよ」
紐は全部で210本残っていました。
「最初に1000本あった紐が今は210本じゃ。ということは、
1000 − 210 = 790[本]で、木は全部で790本じゃ」
　家臣たちが秀吉のことをさらに尊敬するようになったのは言うまでもありません（多少フィクションが入っています）。
　この逸話のポイントは秀吉が木の本数と紐の本数を1対1に対応させることで、数えづらいものを数えやすくしたところにあります。

　別の例を出します。私は野球部だったのですが、初めて試合をする学校に行ったときは必ず背番号1を探すのが習慣になっていました。なぜならアマチュアの場合、ふつう背番号1はエース（≒その野球部で一番野球がうまい）がつけていて、エースがどんな選手かがわかればその学校のレベルもだいたい予想がつくからです。
　でも、もし同じ背番号の選手が2人以上いたり、背番号1がいないチームがあったりするなら背番号1を探す行為は無駄です。背番号と選手は1対1に対応していることがわかっているからこそ、背番号1を探すことでその野球部のレベルを推し量れるのです。

　このように1対1対応を使えば、わかりづらいことをわかりやすいことにおき換えられたり、多くの情報を手に入れたりすることができます。
　この章では最も基本的な1対1対応である「比例」を入り口に、関数の世界に入っていきます。関数とはすなわち因果関係がはっきりする関係のことです。私たちは1次関数という「線形」の関数によって世界を理解し、2次関数という「非線形」の関数によってより現実世界を表します。「関数」と聞くと、何やら難しそうな印象を持つかもしれませんが、真理をつきとめるためには、関数を使って因果関係を明らかにすることがどうしても必要になるのです。中学数学でその基本を学んでしまいましょう。

比例と反比例（中学1年生）

比例

最初に、比例の性質を復習しておきましょう。

> **比例**
> xが2倍、3倍、4倍……になるにしたがって、
> yも2倍、3倍、4倍……になるとき、
> yはxに比例するという。

（例）

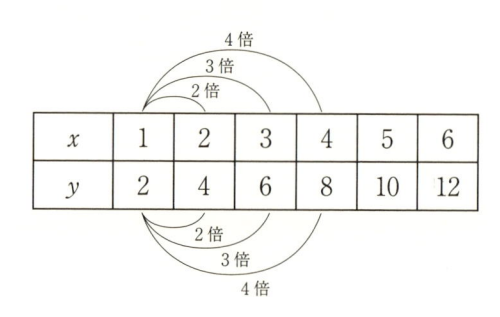

x	1	2	3	4	5	6
y	2	4	6	8	10	12

この表のxとyの関係にはある規則性があります。見つかりますか？ そうですね。yは必ずxの2倍になっています。つまり、

$$y = 2x$$

です。実はyがxに比例するとき、xとyの間には必ず、

第4章　テクニック・その4　因果関係をおさえる

$$y = ax \ (a は定数)$$

という関係式が成り立ちます。逆にxとyの関係が$y = ax$と表されるとき、yはxに比例します。

証明しておきますね。
「xが2倍、3倍、4倍……になるにしたがって、yも2倍、3倍、4倍……になる」とは、xがx_0（基準）のn倍になると、yもy_0（基準）のn倍になるということですから、

$$\begin{cases} x = x_0 \times n & \cdots\cdots ① \\ y = y_0 \times n & \cdots\cdots ② \end{cases}$$

$x \neq 0$として、$\dfrac{②}{①}$を作ると、

$$\frac{y}{x} = \frac{y_0 \times n}{x_0 \times n} = \frac{y_0}{x_0}$$

$\dfrac{y_0}{x_0} = a$とおくと、

$$\frac{y}{x} = a$$

$$\therefore \ y = ax$$

逆に$y = ax$のとき、$y_0 = ax_0$なのでxがx_0のn倍ならば、

$$y = ax = a(nx_0) = n(ax_0) = ny_0$$

より、yがy_0のn倍になることは明らか。
つまり、yはxに比例します。

---

yがxに比例する
$\Leftrightarrow \ y = ax$（aは定数）

今後は「yがxに比例する」という日本語を見かけたら、即座に、
「$y = ax$」
と数式に訳す癖をつけてください。比例の本質が浮かび上がります。ちなみにaのことを比例定数と言います。

比例のグラフ

yがxに比例するときのグラフがどのようになるかを見てみます。
$y = 2x$のxに-5から5までの整数を代入したのが次の表です。

x	-5	-4	-3	-2	-1	0	1	2	3	4	5
y	-10	-8	-6	-4	-2	0	2	4	6	8	10

これらの値をx-y座標軸に取っていく（プロットしていく）と、左下図のようになります。これらの点をなめらかに繋いでみたのが、右下の図です。$y = 2x$のグラフはどうやら原点を通る直線になるようです。

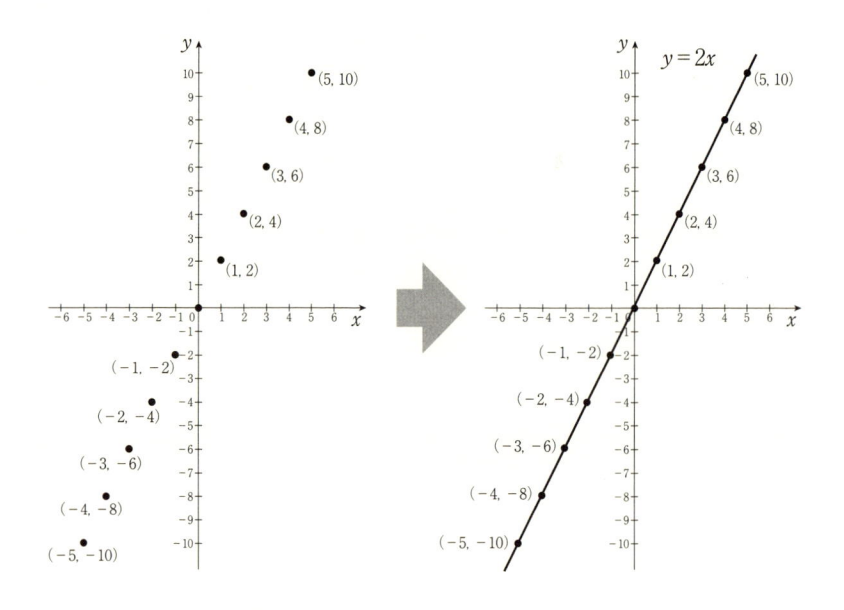

「どうやら原点を通る直線になるようです」などといい加減なことを書きましたが、グラフが直線になる説明は次節の1次関数のところでまとめて扱います。

一般に$y = ax$の直線は原点を通る直線になります。

反比例

反比例の性質も復習しておきます。

> **反比例**
> x が2倍、3倍、4倍……になるにしたがって、
> y が $\frac{1}{2}$ 倍、$\frac{1}{3}$ 倍、$\frac{1}{4}$ 倍……になるとき、
> y は x に反比例するという。

（例）

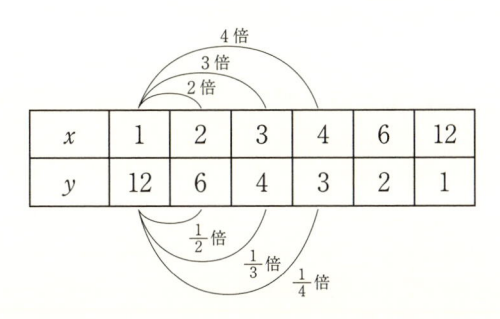

x	1	2	3	4	6	12
y	12	6	4	3	2	1

ここにもある規則性があります。今度は……そうですね。x と y の積がいつも12になっています。つまり、

$$xy = 12$$

です。反比例も一般化しておきます。y が x に反比例するとき、x と y の間には必ず、

$$xy = a \, (a は比例定数)$$

という関係が成り立ちます。逆に、x と y の関係が $xy = a$ と表されるとき、y は x に反比例します。

これも証明しておきます。
「xが2倍、3倍、4倍……になるにしたがって、yが$\frac{1}{2}$倍、$\frac{1}{3}$倍、$\frac{1}{4}$倍……になるとき」とは、xがx_0（基準）のn倍になると、yはy_0（基準）の$\frac{1}{n}$倍になるということですから、

$$\begin{cases} x = x_0 \times n & \cdots\cdots ① \\ y = y_0 \times \dfrac{1}{n} & \cdots\cdots ② \end{cases}$$

①×②を作ると、

$$xy = x_0 \times n \times y_0 \times \frac{1}{n} = x_0 \times y_0 \times n \times \frac{1}{n} = x_0 y_0$$

ここで$x_0 y_0 = a$とおくと、

$$xy = a$$

ですね。
逆に$xy = a$のとき、$x_0 y_0 = a$なのでxがx_0のn倍ならば（$x \neq 0$）、

$xy = a$
$\Leftrightarrow y = \dfrac{a}{x} = \dfrac{a}{nx_0} = \dfrac{1}{n} \times \dfrac{a}{x_0} = \dfrac{1}{n} \times y_0$　　【$x_0 y_0 = a$ より $y_0 = \dfrac{a}{x_0}$】

より、yがy_0の$\frac{1}{n}$倍になることは明らか。
よって、yはxに反比例します。

$$\boxed{\begin{array}{c} y \text{が} x \text{に反比例する} \\ \Leftrightarrow \quad xy = a\,(a\text{は定数}) \end{array}}$$

　反比例のときも定数aのことを比例定数と言います。
　ちなみに反比例の式は、

$$y = \frac{a}{x} \quad (a\text{は定数})$$

とする流派（？）もありますが（そっちのほうが主流かも）、私は計算のしやすさから掛け算形のほうを気に入っています。どちらでも構いません。いずれにしても、「yがxに反比例する」という日本語を見かけたときは、即座に「$xy = a$（あるいは$y = \frac{a}{x}$）」と数式に訳す癖をつけてください。

反比例のグラフ

yがxに反比例するときのグラフはどうなるでしょうか？ また表を作って点をプロットしてみましょう。次の表は$xy=12$のxに、yも整数になる値を-12から12まで代入したものです。

x	-12	-6	-4	-3	-2	-1	1	2	3	4	6	12
y	-1	-2	-3	-4	-6	-12	12	6	4	3	2	1

左下が(x, y)をプロットしたもので右下がそれらをなめらかに繋いだものです。

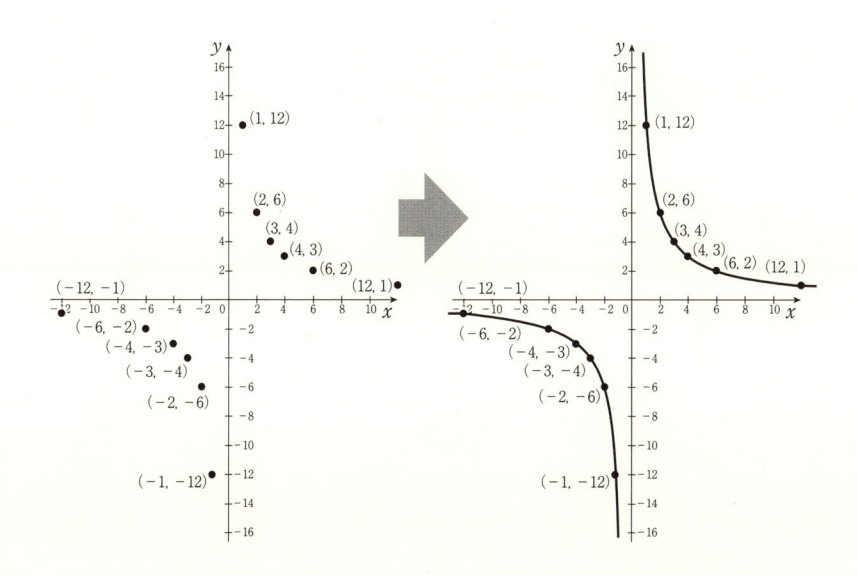

一般に$xy=a\left(y=\dfrac{a}{x}\right)$のグラフは原点について対称な双曲線になります。

> 反比例のグラフがこのような双曲線になることを証明するのは簡単ではありません。厳密には微分を理解する必要があります。今のところは代表的な点をなめらかに繋ぐとこのような曲線になる、ということで直感的に（？）理解しておいてくださいm(_ _)m

片方しかわからなくても大丈夫

たとえば次のような表があるとします。

x	-2		3	
y		0	6	20

なんだか虫食いだらけですね。このままでは、空欄にどんな値が入るのか全然わかりません。でもxとyが比例関係にあるということがわかったらどうでしょう？ yがxに比例するということは表の中の(x, y)はすべて、

$$y = ax \quad \cdots\cdots ☆$$

に従うはずです。$(x, y) = (3, 6)$であることから、代入すると、

$$6 = 3 \times a$$
$$3a = 6$$
$$a = \frac{6}{3} = 2$$

とaがわかります。ということは、☆より、

$$y = 2x$$

です。xとyの関係式が手に入ってしまえば、xが-2のときは$y = -4$であることがわかりますし、yに0や20を代入すればxはそれぞれ0と10であることもすぐわかります。はい、表が完成しました。

第4章　テクニック・その4　因果関係をおさえる

x	-2	0	3	10
y	-4	0	6	20

　どうですか？　2つの数の関係性がわかるというのは強力ですね。このように、関係性がわかれば、片方しかわからなくても他方は導くことができるのです。

　例を1つ。化学の話で恐縮ですが、理想気体（分子自身の大きさと分子間力を無視した気体）の体積は圧力が一定のとき、絶対温度に比例するという法則があります（シャルルの法則）。

　絶対温度というのは、宇宙の最低温度を基準にした温度のことで単位は[K]（ケルビン）を使います。ところで「宇宙の最低温度」って何℃だと思います？　−273.15℃です。ではどうして「−273.15℃」が最低だとわかるんでしょうか？　今までの観測結果の最低値でしょうか？　違います。人類は未だに宇宙の最低温度に遭遇したことも、自らつくり出したこともありません。でも、実際に観測したことはなくても比例関係を使えば宇宙の最低温度が何度であるかはわかるんです。

　1787年フランスのシャルルは、気体の体積膨張率は温度に比例し、基準を0℃の体積にしたときの比例定数は$\frac{1}{273}$であることをつきとめました。

$$体積膨張率 = \frac{1}{273} \times 温度[℃] \quad \cdots\cdots ①$$

　体積膨張率は体積の増加分を「比べる量」、基準の体積を「もとにする量」にした割合なので、

$$体積膨張率 = \frac{体積増加分}{基準の体積}$$

t℃のときの体積をV、0℃のときの体積をV_0とすると、①式は、

$$\frac{V - V_0}{V_0} = \frac{1}{273} t$$

と表されます。

　これを $V =$ ……に直して整理すると（式変形は割愛します）、

$$V = V_0 + \frac{t}{273}V_0$$

$$\Leftrightarrow \quad V = \left(\frac{273 + t}{273}\right)V_0$$

となります。しかし気体の体積 V は負の値になることはないので、右辺の分子 $273 + t$ は 0 以上でなければなりません。つまり、

$$273 + t \geqq 0$$
$$t \geqq -273$$

よって温度 t は必ず −273℃ 以上であることがわかります。以上より宇宙の最低温度（絶対零度と言います）は −273℃ であると導かれました。

後に正確な実験によって比例定数は $\frac{1}{273.15}$ であることがわかり、それに伴って絶対零度も −273.15℃ になりました。

ところで、2013年の1月に「絶対零度を下回る温度を持つ原子ガスを作ることに成功した」というニュースが流れて世間を賑わしました。ただしこれは原子や分子のミクロの世界の物理法則に、確率論を融合させてマクロの世界（観測できる世界）の性質を導き出そうとする「統計力学」においての話です。難しい話ですが少しだけ解説しますね。

分子・原子の粒子集団にあるエネルギーを与えるとそれぞれの分子はバラバラの「温度」を持ち、通常は温度が低い粒子のほうが高い確率で存在します。しかし特殊な条件を満たしてやると、温度が高い粒子のほうが高い確率で存在する状態（反転分布と言います）を作り出すことができます。このときに粒子は、分布を決める数式の温度のところに負の値を代入したときの分布になるので、統計力学では反転分布が実現したときの温度を（便宜上）「負の温度」と言います。

反転分布の概念（負の温度）はレーザー科学においては基礎的な役割を果たしており、特に珍しいものではありませんが、今回の実験は原子ガスにおいて反転分布を実現した、というところが新しいわけです。

しかし、古典力学においての温度（私たちの馴染みの深い「温度」）においては絶対零度が「宇宙の最低温度」であることに変わりはありません。

喩えが小難しくてすいませんm(_ _)m。でも、体積膨張率と温度が比例関係にあることから体積が0になる温度、すなわち宇宙の最低温度が求まってしまうなんて驚きですよね！

写像（範囲外）～因果関係が明らかな2つのケース

虫食いの表が埋められたり、宇宙の最低温度がわかったりするのは、比例関係が成立するとき、2つの数には1対1対応が成立するからです。1対1対応を図にするとこうなります。

（ⅰ）

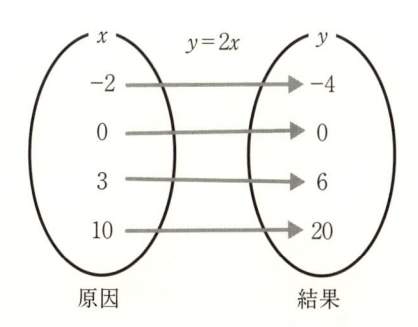

```
       x        y=2x      y
      -2  ──────────→   -4
       0  ──────────→    0
       3  ──────────→    6
      10  ──────────→   20
      原因              結果
```

1対1対応が成立すると、原因（x）から結果（y）を特定することも、結果（y）から原因（x）を特定することもできるので、xとyには大変強い因果関係があることになり、私たちは非常に多くの情報を得ることができます。

しかし、xとyの間に関係があるからといって、いつも1対1対応になるわけでありません。たとえば、

$$y = x^2$$

のときは、xの値を決めればyの値が決まりますが、yの値を決めてもxの値は1つには決まりません（たとえば$y=4$のとき、xを$+2$と-2のどちらか1つに決めることはできません）。

(ii)

$y = x^2$

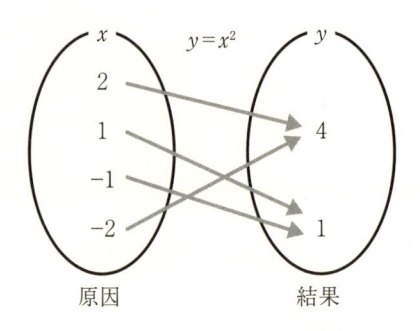

原因　　　結果

このケースは、結果（y）から原因（x）を特定することはできませんが、原因（x）から結果（y）を特定することはできます。つまり1対1対応が成立する（ⅰ）ほどではないものの、やはり因果関係がわかるケースです。原因から結果が特定できるという意味で因果関係がはっきりするのは（ⅰ）か（ⅱ）のどちらかのケースに限られます。

ちなみに下の（ⅲ）と（ⅳ）は因果関係がはっきりしないパターンです。

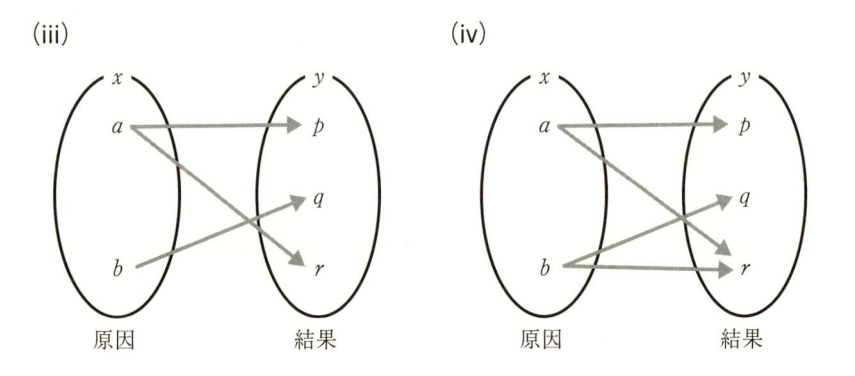

(ⅲ)　　　　　　　　　　　(ⅳ)

原因　　　結果　　　　　　原因　　　結果

数学では、（ⅰ）や（ⅱ）のように原因を決めるとそれに対応する結果が1つに決まるような関係を写像と言います。特に集合論が発展した近代数学以降では、あるものが他のものの写像になっているかどうかは、さまざまな数学上の概念を整理統合して議論する際に大変重要な分類方法になっています（ただし非常に抽象的で難解な世界です……）。なぜなら原因（x）

から結果（y）が特定できるかどうかは、そこに因果関係があるかどうかの指標になるからです。

　物事を論理的に考えていく際に、因果関係を明らかにすることが重要であることは言うまでもありません。たとえば、あなたの上司が「広告費をかけさえすれば、売上は上がるんだ」と考えているとしたら、残念ながらその上司は非論理的な思考の持ち主です。

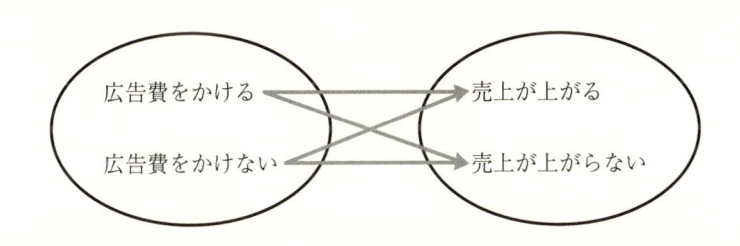

```
広告費をかける ──→ 売上が上がる
         ╲╱
         ╱╲
広告費をかけない ──→ 売上が上がらない
```

　広告費をかけても売上が上がらないケースも考えられますし、広告費をかけなくても売上があがるケースもありそうだからです。つまり、広告費と売上の関係は（iv）のパターンになり、両者にはっきりとした因果関係を認めることはできません。相関を明らかにするには多くのデータを用いて、統計的な処理をする必要があるでしょう。

関数は函数

　ところで「関数」が当て字だということをご存知でしょうか？　関数はもともとは「函数」でした。「函」は「ポストに投函する」などに使われる「函」で、「箱」という意味です。「函」が当用漢字でなくなったため「関」という字が当てられたようです。
　では「yはxの函数である」とはどういうことでしょうか？　それは「xをある箱に入れたらyが出てくる」というような意味です。

$x \to \boxed{函} \to y \quad x \to \boxed{函} \to y \quad x \to \boxed{函} \to y \quad x \to \boxed{函} \to y$
$\quad 1 \quad\quad\quad 2 \quad\quad 2 \quad\quad\quad 4 \quad\quad 3 \quad\quad\quad 6$

函の正体：$y = 2x$

大事なことはxが入力であり、yは出力であるという点です。あくまで主導権を持っているのはxです。つまり、「yはxの関数である」というのは、「yはxによって決まる数である」という意味です。

> 昔は、xが連続的に変化するにつれて、一定のルールのもとでyが変化するときは、たとえyが1つに決まらなくてもyはxの関数である、と言っていたようですが、近年ではyがxの写像になっている場合に限り（xによってyが1つに決まる場合に限り）、関数という言葉を使うことになっています。つまり関数とは、写像であり、因果関係が明らかな数の関係です。

暗号に使われる1対1対応

1対1対応が成立している場合、どちらか片方を決めれば他方を求めることができますが、時にはその求め易さに格段の違いがあるケースがあります。代表的な例が$N = p \times q$（pとqは素数）で表される素因数分解です。素数の話をしたときに、1を素数に含めないのは、ある数と、ある数を素因数分解した結果を1対1に対応させるためだと書きました。すなわちNを決めれば$p \times q$の結果は1通りしかなく、もちろんpとqの組み合わせから得られるNは1つしかありません。

たとえば21という数を素因数分解してみます。

$$21 = 3 \times 7$$

これは簡単ですね。でも、367153を素因数分解しなさいと言われたらどうでしょう？　おそらくこれは99％の人間が根をあげる難問だと思います。でも私はこの問題を30秒くらいで作りました。問題を作るには適当な2つの素数を掛け合わせるだけでよいからです（電卓使いました）。

ちなみに367153の素因数分解は、

$$367153 = 571 \times 643$$

です。
　素数を掛けあわせて大きな数を作るのは簡単なのに、その数を素因数分解して元の素数の組み合わせを求めるのは大変難しいことがわかってもらえると思います。素因数分解の「1対1対応が成立していて、なおかつ作るのは簡単だが元に戻すのは難しい」という性質がうってつけなものがあります。暗号です。

　$N = p \times q$ の性質を基礎にした暗号はRSA公開鍵暗号と呼ばれ、インターネットやキャッシュカードの暗号に広く使われています。従来の暗号は暗号化の方法がわかってしまうと暗号そのものも解読できてしまうので、暗号化の機密をいかに守るかという問題がありました。しかしRSA公開鍵暗号は暗号化にはNを使い、解読には$p \times q$を使うので、暗号化の方法を公表しても容易には解読できないという画期的な暗合法なのです。
　ちなみに現在Nに使われているのは数百桁の膨大な数です。一方、2010年に届けられた報告によると、300台のパソコンを3年間フル稼働させて素因数分解できた数は232桁だったということです。

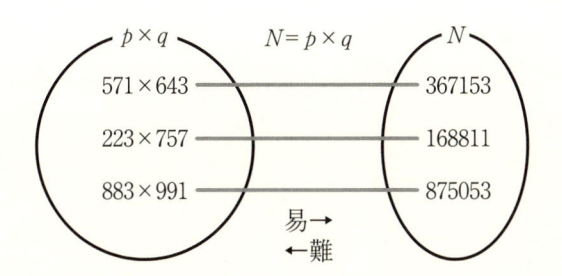

$p \times q$　　　$N = p \times q$　　　N

571×643 ——————— 367153

223×757 ——————— 168811

883×991 ——————— 875053

易→
←難

　キャッシュカードの暗号が現実的な時間の中で読み解かれる心配はありませんので、どうぞ安心してください。

1次関数（中学2年生）

比例関係の発展形

y が次のような式で表されるとき、y は x の 1次関数 であるといいます。

> 1次関数
> $$y = ax + b$$

お気づきだとは思いますが、上の式で $b = 0$ とおくと、

$$y = ax$$

となります。これは比例の式ですね。つまり1次関数とは

$$y = 比例 + b$$

の形をしている関数のことです。

ここに、バネに重りを吊るしたときの、バネの伸びとバネの長さをまとめた表があります。

重りの重さ[g]	0	10	20	30	40
バネの伸び[cm]	0	5	10	15	20
バネの長さ[cm]	50	55	60	65	70

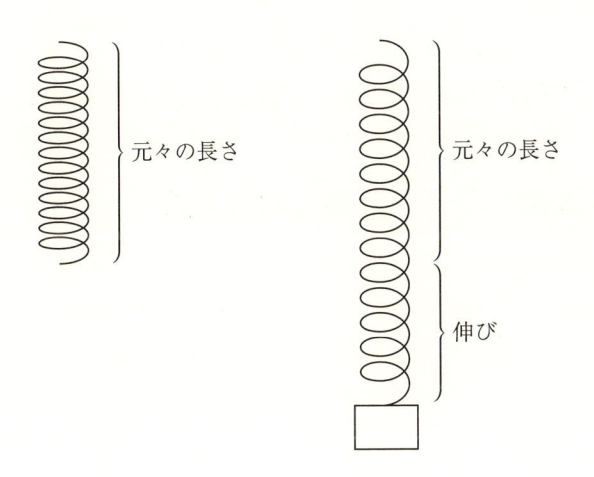

第 4 章　テクニック・その 4　因果関係をおさえる

表を見るとバネの伸びは

$$バネの伸び = \frac{1}{2} \times 重りの重さ$$

になっていますので、バネの伸びは重りの重さに比例します（当たり前ですね）。ところでバネの長さはどうなっているでしょうか？　バネの長さには元々のバネの長さが含まれますから、

$$バネの長さ = バネの伸び + バネの元々の長さ$$

ですね。結局、

$$バネの長さ = \frac{1}{2} \times 重りの重さ + バネの元々の長さ$$

となりそうです。ここで、バネの長さを y [cm]、重りの重さを x [g] とすると、バネの元々の長さは 0g のときの 50cm ですから、

$$y = \frac{1}{2}x + 50$$

と書けることになります。

このように1次関数というのは比例の式に定数を足したものですから、yがxの1次関数で表されるとき、xとyには1対1対応が成立します。

1次関数のグラフが直線になる理由

というわけで、比例（$y = ax$）のグラフをy方向に底上げしたのが1次関数のグラフになります。比例のグラフは原点を通る直線でしたね。

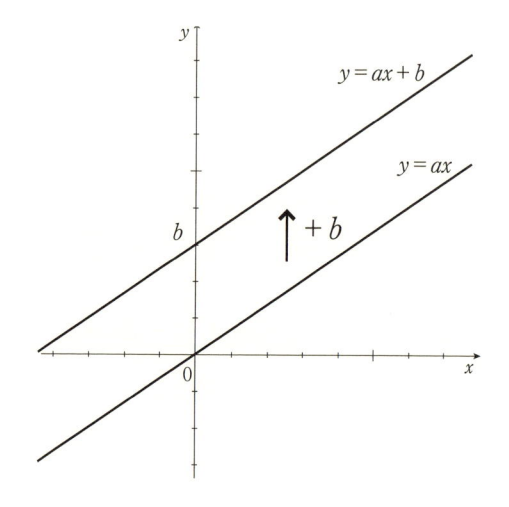

よって、$y = ax + b$のグラフは$(0, b)$を通る直線になります。$(0, b)$はグラフとy軸との交点で、これをy切片と言います。

ただし、比例のグラフが直線になる理由はまだ説明できていませんでしたね。ここでその理由を明らかにしておきましょう。準備として「変化の割合」というものを定義します。

変化の割合の定義

$$変化の割合 = \frac{yの変化分}{xの変化分}$$

第4章　テクニック・その4　因果関係をおさえる

　1次関数の場合、この変化の割合がどのようになるか見てみましょう。$y = ax + b$ の x に x_1 と x_2 という適当な2つの値を代入してみて、それぞれの y の値を y_1、y_2 とします。

　つまり、

$$y_1 = ax_1 + b \quad \cdots ①$$
$$y_2 = ax_2 + b \quad \cdots ②$$

ですね。
　ではこれで変化の割合を求めてみます。

$$\text{変化の割合} = \frac{y\text{の変化分}}{x\text{の変化分}}$$

$$= \frac{y_2 - y_1}{x_2 - x_1} \quad 【①、②を代入】$$

$$= \frac{(ax_2 + b) - (ax_1 + b)}{x_2 - x_1}$$

$$= \frac{ax_2 + b - ax_1 - b}{x_2 - x_1}$$

$$= \frac{ax_2 - ax_1}{x_2 - x_1}$$

$$= \frac{a(x_2 - x_1)}{x_2 - x_1}$$

$$= a$$

　おお、変化の割合が一定（a）になりました！　はて？　これはどういうことでしょう？
　変化の割合がグラフ上で何を表しているかというと……

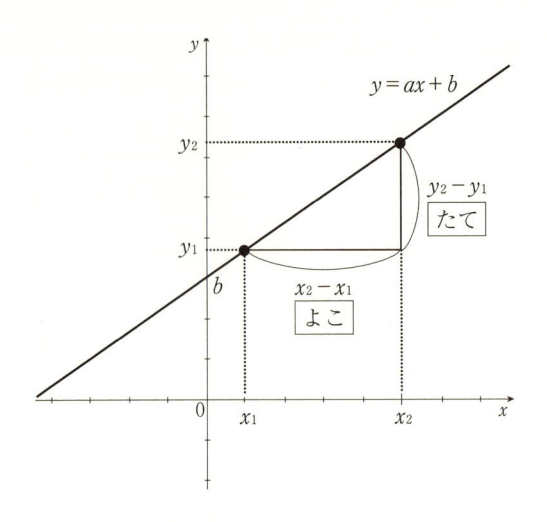

図からわかるように、**変化の割合はグラフ上の２点を結ぶ線分を斜辺とした直角三角形の $\frac{たて}{よこ}$ を表している**ことになります。数学ではこれを**傾き**と言います。

```
┌─────────────────────────┐
│   傾きの定義            │
│                         │
│       傾き = たて       │
│             ──          │
│             よこ        │
└─────────────────────────┘
```

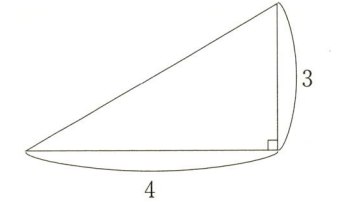

たとえば、左図の傾きは、

$$\frac{たて}{よこ} = \frac{3}{4}$$

です。

$y = ax + b$ の場合、変化の割合が一定（a）だということは、グラフの傾きが常に一定であることを示しています。傾きが一定ですから、
　$y = ax + b$ のグラフは直線になります。

比例のグラフを書いたときは、(x, y) が整数になるいくつかの点を結んだだけでしたので、グラフが、

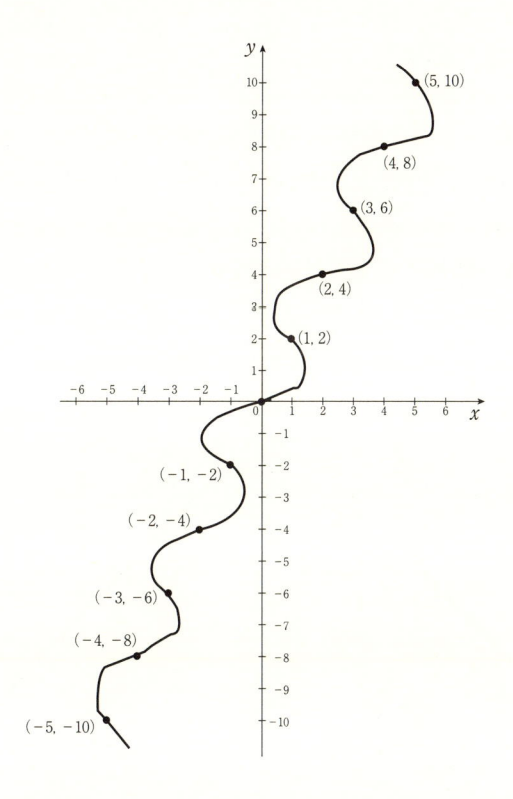

のようになる可能性も否定できませんでしたが、今は $y = ax + b$ のグラフが直線になることがわかったので、1次関数の1種である比例もグラフは直線になる、と胸を張って言うことができます。

$y = ax + b$ の x の係数（a）には実にたくさんの意味がありますね。まとめておきます。

$$\boxed{\begin{array}{l} y=ax+b\text{の}a\text{の意味} \\ a=\text{変化の割合}=\dfrac{y\text{の変化分}}{x\text{の変化分}}=\dfrac{\text{たて}}{\text{よこ}}=\text{傾き} \end{array}}$$

　aが正の場合、xの変化分とyの変化分の符号が同じになるので、xが増加するときはyも増加することがわかります。すなわち、グラフは右肩上がりになります。一方aが負の場合、xの変化分とyの変化分の符号が逆になるので、xが増加するときはyは減少します。つまりグラフは右肩下がりになります。

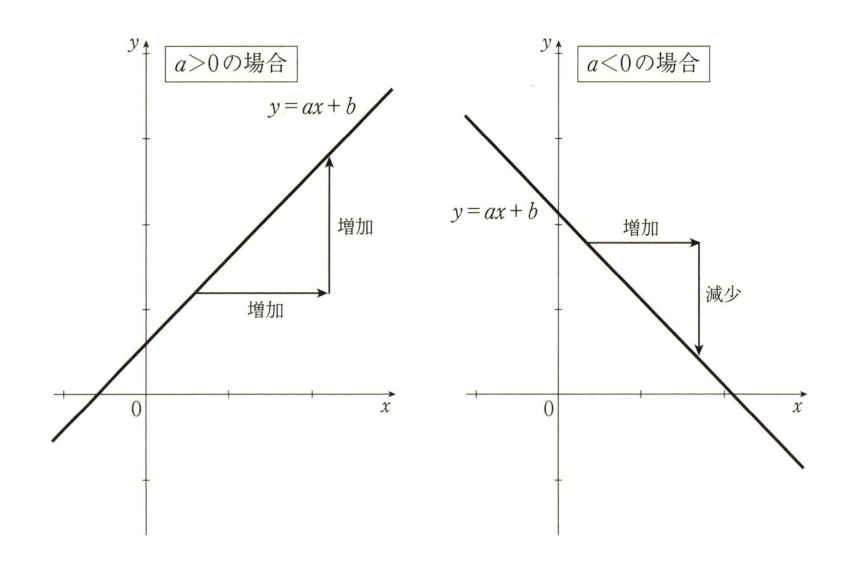

2元1次方程式

　連立方程式のところで未知数が2つの場合、方程式が1つしかないと、自由度が1つ残るので解が無数に存在するという話をしました。また、自由度が1というのは、1次元（直線）であると考えられるのでしたね。
　これらのことが1次関数のグラフを学んだ今はよりはっきりします。

$$x + 2y = 4 \quad \cdots\cdots ①$$

のような連立方程式の片割れのような式は $y=\cdots\cdots$ の形に直すと、

$$\Leftrightarrow \quad 2y = -x + 4$$

$$\Leftrightarrow \quad y = \frac{-x+4}{2}$$

$$\Leftrightarrow \quad y = -\frac{1}{2}x + 2$$

と変形できますから、①の式は傾きが $-\frac{1}{2}$ で、y 切片が 2 である直線を表しています。

このように直線を表す数式には、

$$y = mx + n$$

の形のものだけではなく、

$$ax + by + c = 0 \quad (ax + by = c')$$

の形をしたものもあります。いずれにしても、**1 次式は直線を表し、直線は 1 次式によって表されます**。

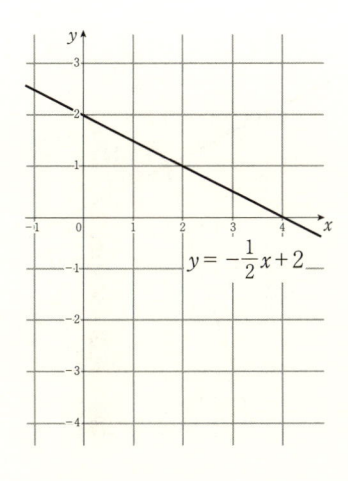

$$y = -\frac{1}{2}x + 2$$

$$x + 2y = 4 \quad \cdots\cdots ①$$

を満たす (x, y) は無数にありますが、それらはすべて先ほどのグラフ上にあります。逆に、この直線上の点の座標はすべて①式を満たします。

ここに、

$$3x - y = 5 \quad \cdots\cdots ②$$

のグラフを重ねてみましょう。②は

$$\Leftrightarrow \quad -y = -3x + 5$$
$$\Leftrightarrow \quad y = 3x - 5$$

となるので、傾きが3でy切片が-5である直線です。

ところで、

$$\begin{cases} x + 2y = 4 & \cdots\cdots ① \\ 3x - y = 5 & \cdots\cdots ② \end{cases}$$

という<mark>連立方程式の解は①および②を同時に満たす値</mark>でした。一方下のグラフの交点も①のグラフ上にありかつ、②のグラフ上にある点なので、交点の座標は①を満たし、かつ②も満たします。

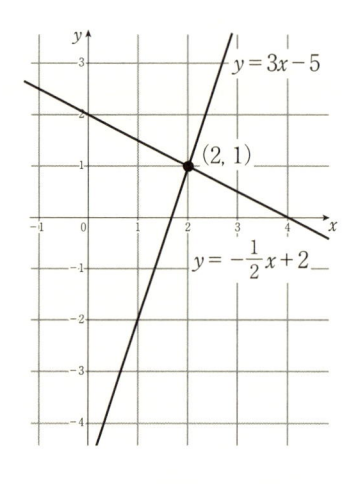

つまり、

> グラフの交点＝連立方程式の解

です！（とても重要なことです！）

線形代数（範囲外）は世界をひも解く基本原理

　突然ですが「線形代数（*linear algebra*）」という言葉を聞いたことがあるでしょうか？　"*linear*"は"*line*（直線）"の形容詞ですから、線形代数とは「直線の代数」という意味です。直線は1次式でしたね。「線形代数」を噛み砕いて言うと「1次式で表される数式を扱う数学」ということになります。

　線形代数は大学の内容ですので深入りはしませんが、そもそも線形代数は連立1次方程式の解法の研究からスタートしました。先の、

$$x + 2y = 4 \quad \cdots\cdots ①$$
$$3x - y = 5 \quad \cdots\cdots ②$$

を、

$$\begin{pmatrix} 1 & 2 \\ 3 & -1 \end{pmatrix} \begin{pmatrix} x \\ y \end{pmatrix} = \begin{pmatrix} 4 \\ 5 \end{pmatrix}$$

という行列とベクトルの積として考え……続きは先の勉強の楽しみにとっておいてください。

　線形代数の応用分野は実に多岐に渡ります。情報を伝送する際に生じるエラーを検出し訂正する技術であるいわゆる「符号理論」やコンピュータで使われる画像圧縮は線形代数を基礎にしています。また複数のデータを同時に扱う「多変量解析」や、量子力学など……書き出せばキリがないほ

どです。

　1次式の基本の形は、

$$y = 2x$$

のような比例関係であることはすでに見てきた通りですが、かのレオナルド・ダ・ヴィンチが比例こそ世界の根本原理であると考えて、比例の研究に没頭していた話は有名ですし、ピタゴラスが「万物の源は数である」と考えたのも比例関係によってすべてを説明できると考えていたからでした。確かに彼らの死後、物理法則には多くの比例関係が見つかっています。

　高校の物理に出てくるだけでも、

$F = ma$（運動の第2法則）
$V = IR$（オームの法則）
$F = kx$（フックの法則）
$U = \dfrac{3}{2}nRT$（気体の内部エネルギー）
$F = \dfrac{GmM}{r^2}$（万有引力）
$F = \dfrac{kqQ}{r^2}$（クーロンの法則）

などなど……。

> 万有引力とクーロンの法則は$\dfrac{1}{r^2}$に比例する、と考えることができます。

　比例関係に定数を加えたのが1次関数であり、それはやがて線形代数に繋がっていくのですから、ダ・ヴィンチやピタゴラスの先見の明には舌を巻きます。

第4章　テクニック・その4　因果関係をおさえる

　1次関数は中学2年生で習う基本的なものですが、1次式で表される世界では1対1関係が成立するので、原因から結果を特定することも、結果から原因を特定することもできます。世の中の真理を紐解くということはすなわち因果関係を明らかにすることですから、1次関数（線形代数）はそのための基本原理だと言えるでしょう。

線形計画法（応用）

　ここで、中学数学の範囲は少し逸脱してしまいますが、1次関数が直線であることを利用した「線形計画法」というものを紹介します。経営等において限られた条件の中で最大限の利益を得るためにはどうすればよいかを教えくれるものです。

> **問題**　ある会社で、Aという商品とBという商品を作っているとします。どちらも1個あたりの売上は1000円です。また1個あたりの原材料費と製造コストは次の表の通りです。
>
> | | A | B |
> |---|---|---|
> | 原材料費 | 100円 | 300円 |
> | 製造コスト | 250円 | 50円 |
>
> 　今、Aの個数を a 個、Bの個数を b 個とします。
> 　原材料費は1日あたり総額38,000円に、製造コストは1日あたり25,000円におさえたいと思っています。AとBを1日にそれぞれいくつずつ作れば最も大きな利益になるでしょうか？

　条件を数式に訳していきましょう。まず原材料費の総額が38,000円以下という条件は、Aの原材料費用が a 個で $100a$ 円、Bの原材料費は b 個で $300b$ 円ですから、

$$100a + 300b \leqq 38{,}000 \qquad \cdots\cdots ①$$

という式になりますね。製造コストが25,000円以下というのも同様に、

$$250a + 50b \leqq 25{,}000 \qquad \cdots\cdots ②$$

と書けそうです。
①の両辺を100で割ると、

$$a + 3b \leqq 380 \qquad \cdots\cdots ③$$

②の両辺を50で割ると

$$5a + b \leqq 500 \qquad \cdots\cdots ④$$

となります。一方、AとBはどちらも1個あたりの売上が1000円なので、売上Pは、

$$P = 1000a + 1000b \qquad \cdots\cdots ⑤$$

ですね。この先をはっきり理解するためには、高校数学の「領域」を学ぶ必要があるのですが、③〜⑤の式がすべて1次式であることからグラフがすべて直線になることは想像がつくでしょう。
　⑤は、

$$b = -a + \frac{P}{1000} \qquad \cdots\cdots ⑥$$

と変形できますので、傾きが−1の直線でb切片が$\frac{P}{1000}$の直線です。
　Pが最大のとき、$\frac{P}{1000}$も最大になりますから、次頁の図で③と④が満たす領域（グレーの部分）のうち、傾き−1の直線のb切片が最大になる点を探します。すぐに見つかりますね。③と④の交点(80,100)です。つまり、1日にAを80個、Bを100個作ると売上が最大になることがわかります。
　⑤よりこのとき売上Pは、

$$P = 1000 \times 80 + 1000 \times 100 = 180{,}000$$

となりますので、売上の最大値は18万円です。

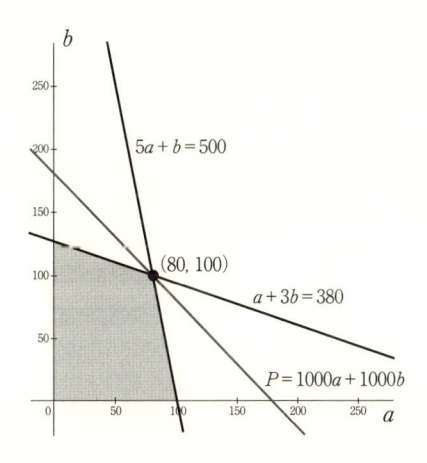

　条件を満たす最大値を求める方法を最適化と言います。特にこの例題のように条件式がすべて1次式になる場合はグラフがすべて直線になるので、**線形計画法**と呼ばれます。

$y = ax^2$(中学3年生)

2次関数の基礎

次は、2次式で表される**2次関数**について学びます。ただし中学数学で出てくる2次関数は、

$$y = ax^2$$

という最もシンプルな形のものだけです。まずは、

$$y = x^2$$

の x に -4 から 4 までの整数を代入してみてグラフがどのような形になるかを見てみましょう。

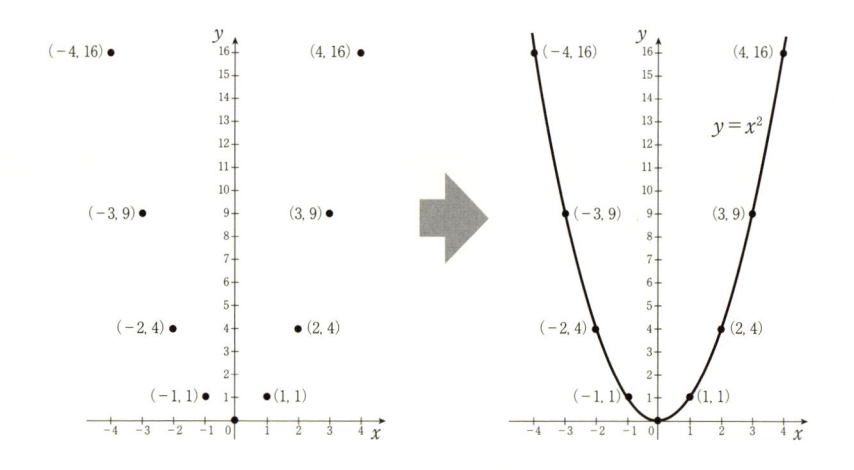

$y=x^2$ ですから、x が負の値であっても y は正の値になります。このことはグラフからもわかりますね。

$y=2x^2$ のグラフは $y=x^2$ のグラフを y 方向に2倍すれば書けます。一般に $y=ax^2$ のグラフは $y=x^2$ のグラフを y 方向に a 倍したものになります。**2次関数のグラフはこのような放物線と呼ばれる曲線になります。**

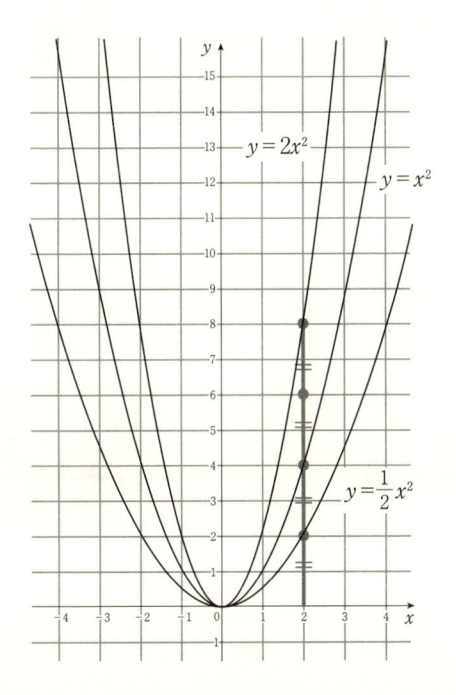

a が正の場合、a が大きければ大きいほど、y も大きくなるので、グラフは鋭い形（スリム）になります。

逆に a が小さいと、y はゆるやかに大きくなるのでグラフは幅広な形（おデブ）になります。

また a が負のときのときは、y も必ず負の値になるので、グラフは上下を逆さにした形になります。

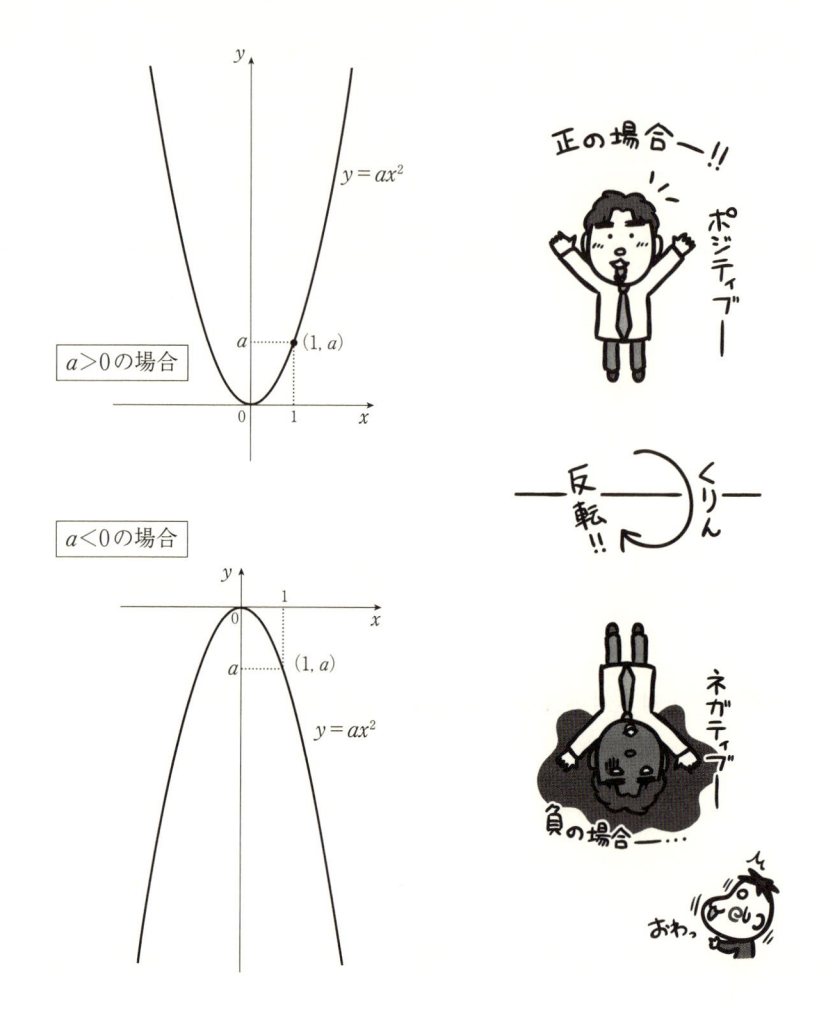

2次関数のグラフからわかること

2次関数のグラフがこのような形になることから次の3つのことがわかります。

> $y=ax^2$ のグラフの特徴
> (ⅰ) 左右対称である
> (ⅱ) 1対1対応ではない
> (ⅲ) 「限界」がある

(ⅰ) 左右対称である

$y=ax^2$ のようにグラフが y 軸に関して対称になる関数のことを 偶関数 と言います。

> 一般に x の偶数次の関数（$y=ax^4$ や $y=ax^6$ など）は偶関数です。他にも $y=A\cos x$ や $y=|ax|$ なども偶関数の例です。

(ⅱ) 1対1対応ではない

2次関数が1対1対応でないことはグラフを見ればよりはっきりします。今、a を正の数として、

$$\begin{cases} y=x^2 & \cdots\cdots① \\ y=a & \cdots\cdots② \end{cases}$$

という連立方程式を代入法で解いてみます。y を消去するために①を②に代入すると、

$$x^2 = a$$
$$\Leftrightarrow \quad x = \pm\sqrt{a}$$

と求まります。

　連立方程式の解は①と②のグラフの交点を表しているのでしたね。①と②のグラフを書いてみると、y の値を a に決めても x の値が1つに決まらないことがよくわかります（x の値を決めれば y の値は決まります）。

> $y = a$
> は、x の値によらず y の値がずっと一定（a）であることを示していますので、グラフは x 軸に平行な直線になります。

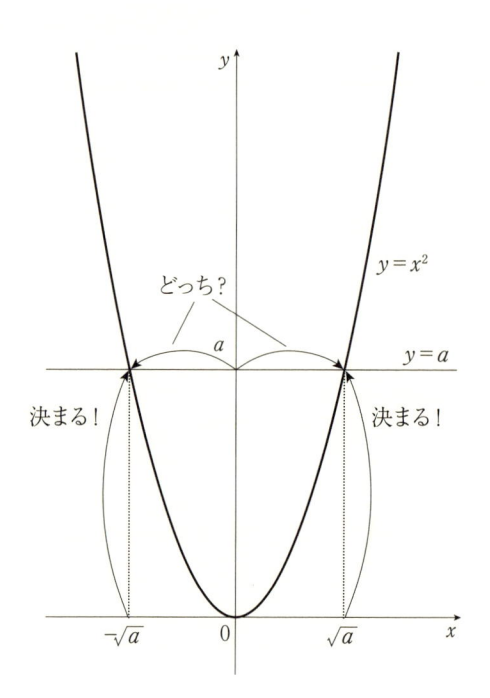

(iii)「限界」がある

$y = x^2$ のグラフは原点が「底」になっていて、y は負の値になることがありません。言い換えれば $y = x^2$ で表される y の値には「限界」があるということです。

一般に $y = ax^2$ のグラフは、

$a > 0$　ならば　$y \geq 0$　（最小値が 0）
$a < 0$　ならば　$y \leq 0$　（最大値が 0）

になっています。つまり 2 次関数には最小値や最大値という「限界」が存在します。

ちょっと乱暴な言い方かもしれませんが、yがxの関数であるとき、xに値の範囲がなくてもyに最大値や最小値が存在するのは、1対1対応でない場合だけです。なぜならxが$-\infty$（無限大）から∞までくまなく変化するときにyがそのすべてに1対1対応するならば、yも$-\infty$から∞までくまなく変化するはずで、yには最大値も最小値もないことになるからです。

2次方程式に解のないケースがある理由

たとえば、

$$\begin{cases} y = x^2 & \cdots\cdots ① \\ y = -3 & \cdots\cdots ③ \end{cases}$$

で①と③のグラフを書いてみると、

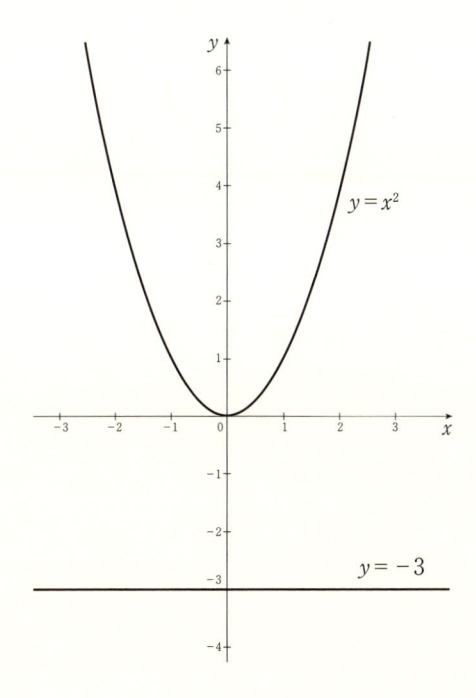

となって交点がないことがわかります。これが、

$$x^2 = -3$$

の2次方程式に解がない理由です。

　少し発展させましょう。

$$x^2 + x + 1 = 0$$

の2次方程式は解の公式を用いて解くと、

$$x = \frac{-1 \pm \sqrt{1^2 - 4 \times 1 \times 1}}{2 \times 1}$$

$$= \frac{-1 \pm \sqrt{1-4}}{2}$$

$$= \frac{-1 \pm \sqrt{-3}}{2}$$

と√の中が負の数になるので（実数の範囲では）「解なし」です。

　一方、

$$x^2 + x + 1 = 0$$
$$\Leftrightarrow x^2 = -x - 1$$

とできることから、「$x^2 + x + 1 = 0$」は、

$$\begin{cases} y = x^2 & \cdots\cdots ① \\ y = -x - 1 & \cdots\cdots ④ \end{cases}$$

の④に①を代入して整理した式で、すなわち①と④のグラフの交点（のx座標）を求めるための式であると考えることができます。しかし、①と④のグラフを書いてみると、

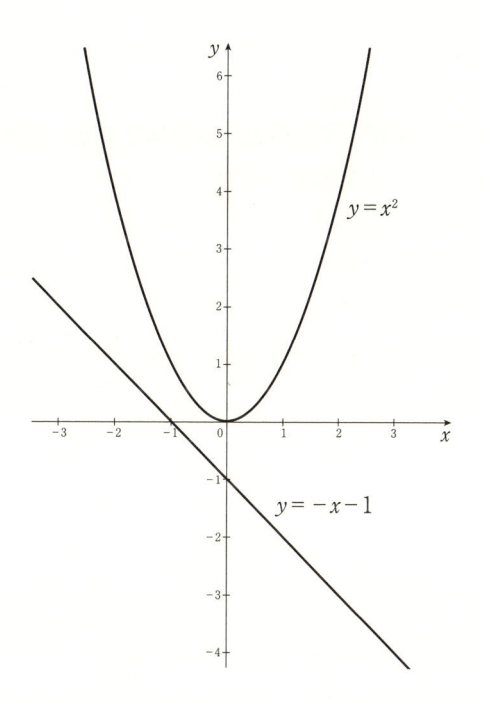

のようになってやはり交点がないことがわかります。

これが「$x^2 + x + 1 = 0$」に解がない理由です！　**2次関数には限界があるがゆえに、2次方程式には解がない場合がある**のです。これで1次関数には必ず解があるのに、2次関数には解がないケースがある理由がはっきりしました。あ～すっきりしましたね！

「非線形」の関数も必要

　一般に1次関数でない関数のグラフは曲線になります。すなわち1次関数以外の関数は「非線形」な関数です。すでに学んだように1次関数で表される関係には強力な因果関係があるので、世の中の真理を解き明かそうとするときには大いに役立つわけですが、一方で現実世界には1次関数では表すことができないこともたくさんあります。

　たとえば物体を放り投げたときの運動の様子は2次関数になります。ま

た、統計の基礎になる正規分布（第7章）や、交流電源から供給される電流なども1次関数で捉えることはできません。数学の勉強が進むにつれて、**n次関数、三角関数、指数関数、対数関数など、さまざまな非線形な関数を学ぶのはこのような現実を表すため**です。

次のグラフは物体を放り投げたときの様子を表したものです。前述の通り、この運動は2次関数で表すことができます。2次関数のグラフが放物線と呼ばれる所以（ゆえん）です（紙面の関係もありますので詳細は割愛します。

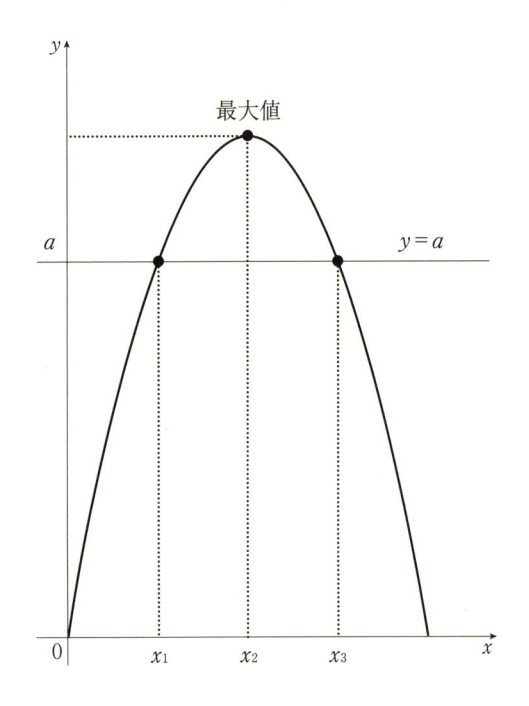

グラフから、ある高さ（$y=a$）を通過するxは2つあることや、高さには最大値があることなどがすぐにわかりますね。2次関数の計算から、物を一番遠くまでに投げたいときには45°の角度で投げ出せばよいことなどをすぐに求めることができます。

中学数学で学ぶ非線形な関数は2次関数と反比例です。

微分(範囲外)の入り口 〜関数の次数

次数の話をしたときに、「2次関数は0でない変化の割合を2つ持っています」という話をしました(86頁)。

変化の割合とは、

$$変化の割合 = \frac{yの変化分}{xの変化分}$$

で定義される量であり、グラフ上では2点を結ぶ線分の傾きになるのでしたね。2次関数の場合は変化の割合はどんどん変わっていきます。グラフで確かめると

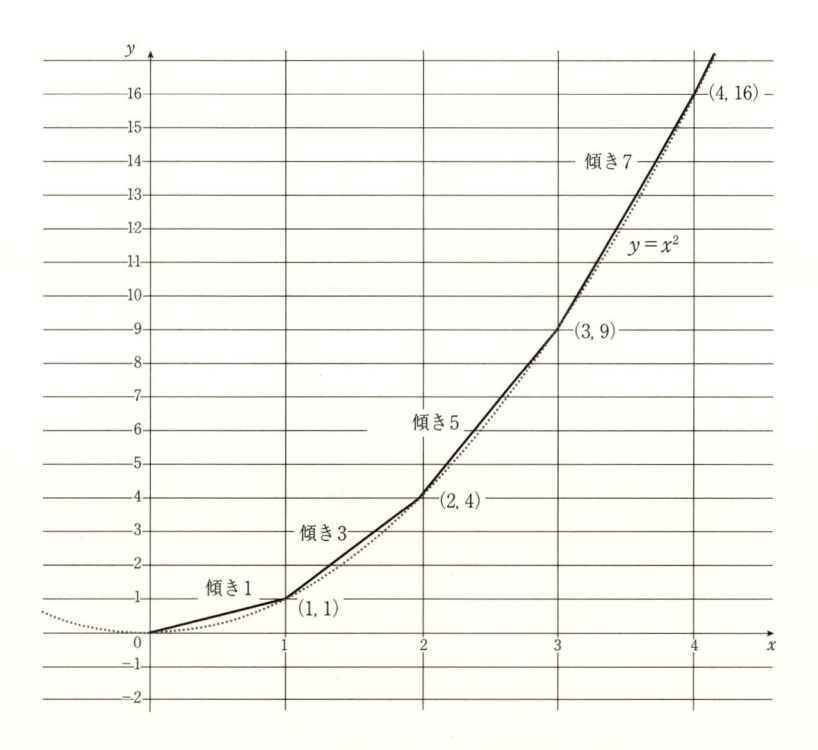

183

と、2点を結ぶ線分の傾きが、

$$1、3、5、7\cdots$$

と変化していくのがわかりますね。この変化の割合が変わっていく様子をさらにグラフにしてみると、

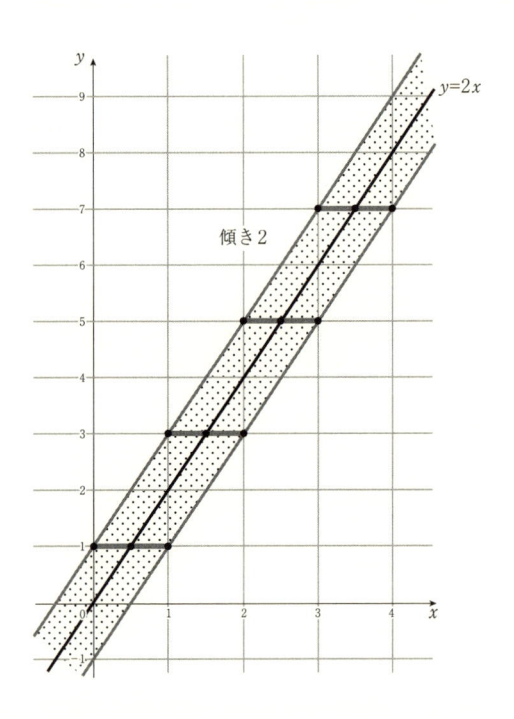

傾き2

$y=2x$

となって、今度は「変化の割合」の変化の割合（ややこしい！）が2で一定になるのがわかります。

変化の割合について、2次関数からはどんどん変わりゆくものと、常に一定であるものとを導くことができます。すなわち2次関数は2つの変化の割合を持っているのです。

また、上の図で傾きが2の直線が幅のある帯のようになっているのは、最初の $y = x^2$ の変化の割合を考えるときに、x の変化分を「1」にしてい

るからです。xの変化分を「0.5」とか「0.1」とか小さい値にすればするほど、帯の幅はどんどん小さくなって、極限までxの変化分を小さくすれば帯は中央の直線 ($y=2x$) に近づきます。この考え方を突き詰めていくと、微分になります。

$y=f(x)$のとき、xがxから$x+h$に変化したとすると、

$$\text{変化の割合} = \frac{y\text{の変化分}}{x\text{の変化分}} = \frac{f(x+h)-f(x)}{x+h-x} = \frac{f(x+h)-f(x)}{h}$$

ですね。ここでxの変化分を限りなく小さくすること、それが微分です。以下が微分の定義式になります。

$$f'(x) = \lim_{h \to 0} \frac{f(x+h)-f(x)}{h}$$

ここで、「$\lim_{h \to 0}$」は「hを限りなく0に近づける」という意味です。
前頁の例は$f(x)=x^2$ですから、

$$f'(x) = \lim_{h \to 0} \frac{(x+h)^2 - x^2}{h} = \lim_{h \to 0} \frac{2xh + h^2}{h} = \lim_{h \to 0} (2x+h) = 2x$$

となり、確かに$2x$になることがわかります。

大まかに言うと、微分とは極めて小さいxの変化に対して、変化率を調べることです。変化の割合がどのようになっているかが詳細にわかれば、グラフの概形を書くことができて、その関数の性質を知ることができます。

一般にn次関数はn回微分することができます。その意味でn次関数はn個の0でない変化率を持っている、ということができるのです。あ……また小難しい話になってきてしまいましたm(_ _)m。この先は高校数学で勉強することにしましょう。

さあ、これで第4章を終わります。中学数学における代数的な内容はこれで仕上がりました！＼(^o^)／
次からは幾何的な内容に入っていきます。

第 5 章

テクニック・その5
情報を増やす

情報を増やすには

> ポイント
> ・方法から原理をさぐる。
> ・効率のよいチェックリストを持つ。
> ・分類する。
> ・似ているものを見つける。

　さあ、ここからは幾何的な内容（図形）について学んでいきます。ただ……語弊を怖れずに言うと、図形の性質そのものや難解なパズルを解くような幾何的な「センス」は、論理的思考に必ずしも必要ではありません。

　中学数学までは代数的内容と幾何的内容がほぼ半々ですが、高校数学以降に進むと幾何的内容の比率はぐっと落ちます。大学入試に至っては、純粋な幾何の問題はほとんど見当たりません。なぜなら限られた時間内にパズルのような図形の問題が解けるかどうかを見ても、受験生が持つ数学の力（論理的思考力）を測ることは難しいからです。

　そこで「大人のための」本書では、図形そのものの性質よりは（もちろん最低限はご紹介しますが）、図形の取り扱いを通して、情報を増やす方法（テクニック5）と他人を納得させる方法（テクニック6）をお話していきたいと思います。

第5章 テクニック・その5 情報を増やす

図形の作図（中学1年生）

垂直二等分線の作図

> **垂直二等分線の作図手順**
> ① コンパスでAを中心にして円弧を描く
> ② Bを中心にして①と同じ半径の円弧を描く
> ③ できた交点を結ぶ

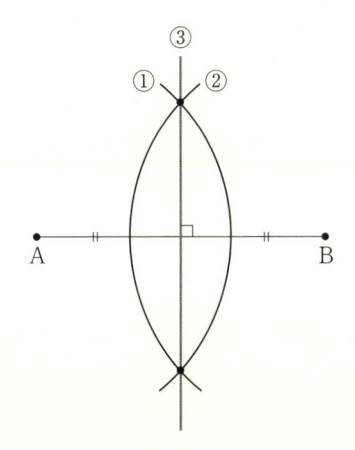

　見たことあるなあ〜と思った人が多いのではないでしょうか？　ただし、なぜこの方法で垂直二等分線が引けるのかを理解している人は少ないと思います。なぜならこの方法を習うのは中学1年生の前半で、その時点では垂直二等分線が引ける理由を理解する準備が足りていないからです。
　ここで再会したのも何かの縁（？）です。改めて原理を学んでおきま

しょう。

【証明】

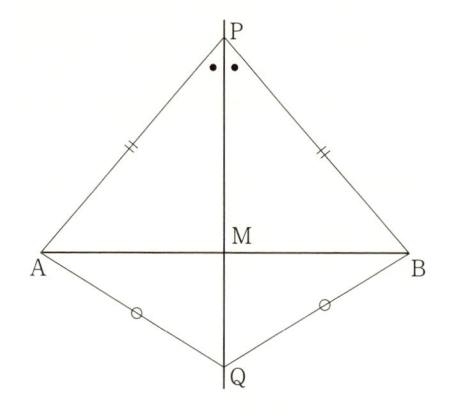

上の図において、AP = BP、AQ = BQであるとします。
△APQと△BPQにおいて、

$$AP = BP（仮定）$$
$$AQ = BQ（仮定）$$
$$PQ共通$$

3辺相等より△APQと△BPQは合同（三角形の合同条件については後で詳しく触れます）。

合同な図形の対応する角度は等しいから、

$$\angle APQ = \angle BPQ$$

次に△APMと△BPMに注目すると、

$$AP = BP（仮定）$$
$$\angle APM = \angle BPM（\angle APQ = \angle BPQ）$$
$$PM共通$$

2辺夾角相等より、△APMと△BPMも合同。

対応する辺と角度は等しいので

$$AM = BM \quad \cdots\cdots ①$$
$$\angle AMP = \angle BMP \quad \cdots\cdots ②$$

また∠AMB=180°だから

$$\angle AMP + \angle BMP = 180° \quad \cdots\cdots ③$$

①より、Mは中点。
②を③に代入すると、

$$\angle BMP + \angle BMP = 180°$$
$$\Leftrightarrow \quad 2 \times \angle BMP = 180°$$
$$\Leftrightarrow \quad \angle BMP = \frac{180°}{2} = 90°$$

以上より、直線PQは線分ABの垂直二等分線。

(終)

ここでもう一度、先の作図方法（189頁）を見てみましょう。①と②の交点をPとQにすれば、①と②の方法からAP = BP = AQ = BQであることが保証されます。
一方、上の証明はAP = BP = AQ = BQである場合でもまったく同様に示すことができるので、先の作図方法によって確かに線分ABの垂直二等分線が引けることになるのです。
またこの証明を逆にたどると、線分の垂直二等分線上の任意の点は線分の両端の点（189頁図のA・B）からの距離が等しいことがわかります。

線分の垂直二等分線の性質
　線分の両端の点からの距離が等しい点の集合

これは後に二等辺三角形を理解したり、三角形の外心を理解したりするためには欠かせない重要な性質です。

角の二等分線

> 角の二等分線の作図手順
> ① コンパスでOを中心とした円を描く
> ② ①とOAとの交点を中心にした円を描く
> ③ ②と同じ半径で①とOBとの交点を中心にした円を描く
> ④ ②と③の交点とOを結ぶ

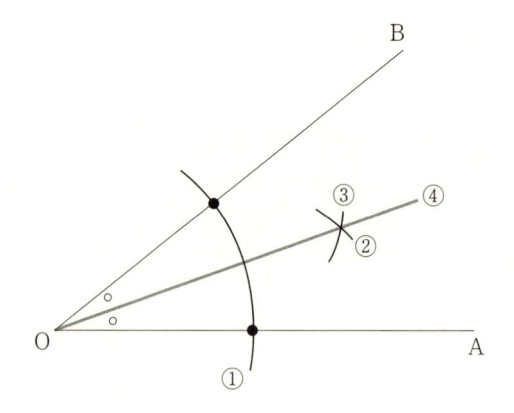

こちらも証明しておきましょう。

第5章　テクニック・その5　情報を増やす

【証明】

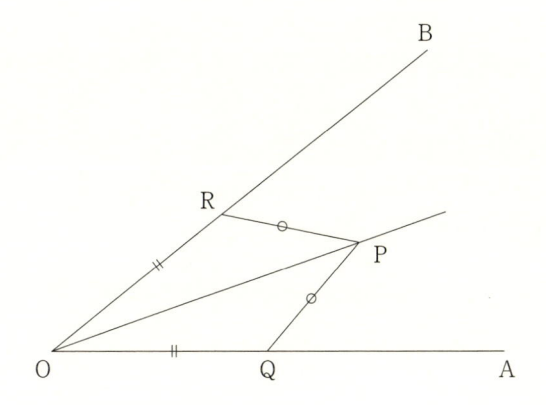

上の図形で、OQ=OR、PQ=PRとします。
△OQPと△ORPについて、

$$OQ = OR（仮定）$$
$$PQ = PR（仮定）$$
$$OP 共通$$

3辺相等より△OQPと△ORPは合同。
対応する角度は等しいので、

$$\angle POQ = \angle POR$$

よって、直線OPは∠AOBの二等分線。

(終)

また合同な三角形の高さは等しいので、PからOA、OBに垂線を下ろすとその長さは等しくなりそうですね。ほとんど自明かもしれませんが、念のため（意外と？　慎重な性分です(^_^;)）、これも証明しておきます。

【証明】

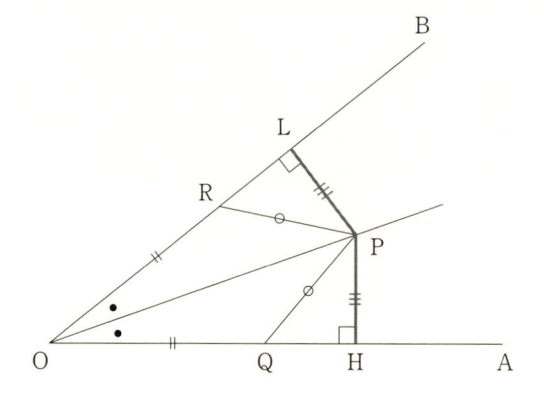

OPが∠AOBの二等分線のとき、△OPHと△OPLにおいて、

$$\angle OHP = \angle OLP = 90°（仮定）$$
$$\angle POH = \angle POL（仮定）$$
$$OP 共通$$

より、△OPHと△OPLは直角三角形で、斜辺と1つの鋭角が等しいので（直角三角形の合同条件）△OPHと△OPLは合同。

対応する辺の長さは等しいので、

$$PH = PL$$

よって、角の二等分線上の点からおろした垂線の長さは等しくなります。

以上より、

> **角の二等分線の性質**
> 　角をつくる辺から距離が等しい点の集合

とわかります。

これも円の接線や三角形の内心を理解するのに必要な重要な性質です。

方法には原理がある

　確立された方法には、そうやるとうまくいく理由があります。たとえばダイエット。巷には「りんごダイエット」「朝バナナダイエット」「低炭水化物ダイエット」「耳つぼダイエット」「骨盤ダイエット」……とここには書ききれないくらいのたくさんの方法があります。ダイエットの原理は「摂取するカロリーよりも消費するカロリーのほうを多くする」ということであるはずなのに、その原理からは目をそらし、「○○（有名人）がリンゴダイエットで痩せた」と聞いて、その方法だけを真似てみても、大抵うまくいかないでしょう。もちろんダイエットは「食べたい」という欲求との戦いでもあるので、少しでもストレスがなくて効果が高い方法を探したくなる気持ちはよくわかります（私もそうです）が、だからといって原理を無視し続けているとひどく遠回りだったり、そもそも目的を達成することができなかったりします。

　確かに、「方法」は知らないよりは知っていたほうがよいです。でも、「やり方を知っている」ということに満足してしまうと、そこにあるはずの本質を見逃すことになってしまいます。作図を習ったときの、ただ方法を覚えるだけで点数がもらえた経験は、子供たちから「なぜそうするとうまくいくのか」を追求する好奇心の芽を摘んでしまう危険があります。でも「なぜうまくいくのだろう」という疑問を持つこと（持ち続けること）は、数学ができるようになるための唯一必要な「資質」であると私は考えています。ここに挙げた作図は代表的な例ですが、数学教育の現場で「方法」ばかりがクローズアップされる機会が多いのは大変残念なことです。
　今からでも決して遅くはありませんから、首尾よくいく方法を知ったときは「なぜこうするとうまくいくんだろう？」と考える癖をつけましょう。そうすれば単なる手順に過ぎなかった情報からずっと重要な原理が見えてくるはずです。

平行と合同（中学２年生）

平行線の性質

平行線には次の性質があります。

> **平行線の性質**
> ・同位角が等しい
> ・錯角が等しい

同位角が等しい　　　　　　錯角が等しい

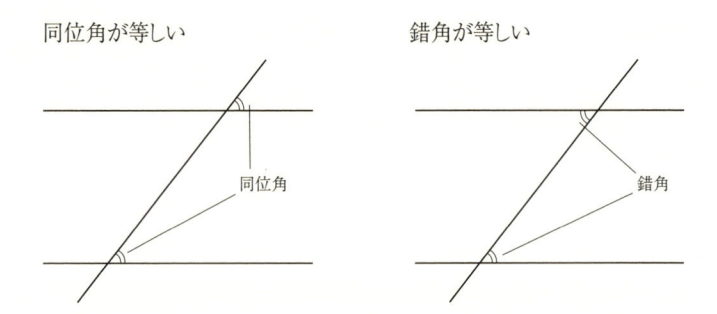

逆に、**同位角か錯角が等しければ２直線は平行である**ということができます。

ではいつものように証明してみましょう……と言いたいところなのですが、実はこの平行線の性質の証明は厄介です。この「事実」の証明は紀元前３世紀頃から19世紀頃までずっと数学者達の頭を悩ませてきた難問なのです。

この「事実」を最初に言い出したのは誰でしょう？　紀元前３世紀に活

躍した数学者のユークリッド（*Euclid*）です。ユークリッドは『原論』という著書の中で、当時の幾何学的知識を集大成すると同時に、論理的に（数学的に）物事を議論する方法を確立するために議論の出発点となる前提（公準や公理と呼ばれています）を計10個示しました。ユークリッドは、「前提」は証明不可能であり、自明なこととして証明なしで使ってよいとしました。確かに「原論」において示された「前提」のほとんどは

「同じものと等しいものは、互いに等しい」

「全体は部分よりも大きい」

「すべての直角は互いに等しい」

など、いかにも当たり前な感じがするものなのですが、1つだけ、

「1本の直線が2本の直線と交わり、同じ側の内角の和が2直角（180°）より小さいならば、その2直線が限りなく延長されたとき、内角の和が2直角より小さい側で交わる」

という際立って複雑な記述があります。多くの数学者はこれを自明な「前提」とすることに疑問を抱きました。他の前提を使って証明できるのではないかと考えたわけです。しかし、結局それは不可能でした。

> この疑問を発端にして、この前提が成立しない幾何学である「非ユークリッド幾何学」なるものが生まれました。

……というわけで下線を引いた前提（公準）を証明することはできませんが、わかりづらい書き方ですので、図解しておきましょう。

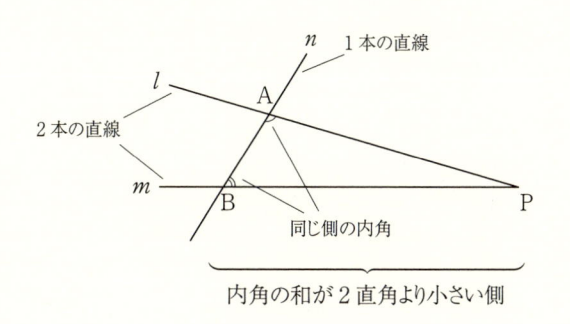

つまり、直線nが直線lやmと交わったとき、

$$\angle \text{PAB} + \angle \text{PBA} < 180°$$

であれば、lとmは必ず交わる、ということを言っているわけです。
　裏を返せば、もし、

$$\angle \text{PAB} + \angle \text{PBA} = 180°$$

であれば、lとmとは永遠に交わらない（平行である）ということになります。私たちはこのユークリッドの前提（公準）をありがたく使わせてもらいましょう。そうすれば錯角や同位角が等しいことはすぐに証明できます。

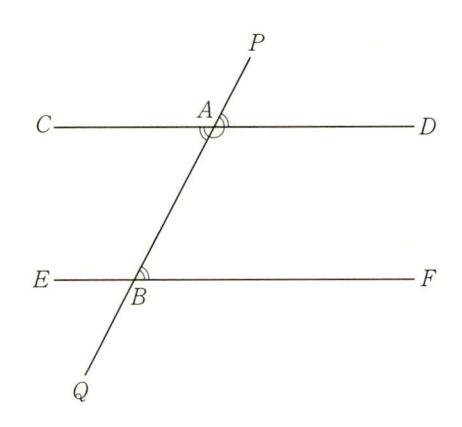

CD//EFであるとき、ユークリッドの前提（公準）より、

$$\angle \text{DAB} + \angle \text{FBA} = 180° \quad \cdots\cdots ①$$

また明らかに、

$$\angle \text{DAB} + \angle \text{CAB} = 180° \quad \cdots\cdots ②$$

①−②より、

$$\angle \mathrm{FBA} - \angle \mathrm{CAB} = 0$$
$$\Leftrightarrow \angle \mathrm{FBA} = \angle \mathrm{CAB} \quad \cdots\cdots ③$$

③は錯角が等しくなることを示しています。
また、対頂角は等しいので、

$$\angle \mathrm{PAD} = \angle \mathrm{CAB} \quad \cdots\cdots ④$$

③と④より、

$$\angle \mathrm{PAD} = \angle \mathrm{FBA}$$

よって同位角も等しくなることがわかります。

　2つの直線が平行であることがわかれば、錯角や同位角が等しくなることがわかりました。すなわち平行線によって離れた場所にある角度が等しいことが明らかになるわけです。これは角度を求めるときや、相似な図形を見つけるときに、大きな力を発揮します。
　私は前著で、補助線はヒラメキで引くのではなく、情報量が増えることがあらかじめわかっている線を「戦略的に」引くべきだと書きました。平行線（と垂線）はまさに「情報が増える補助線」です（詳しくは『大人のための数学勉強法』の85頁をご覧くださいm(_ _)m）。

三角形の合同条件

　2つの図形について、一方をずらしたり裏返したりすることによって他方に重ねることができるとき、この2つの図形を「合同である」と言います。要は同じ図形どうしのことです。記号は「≡」を使います（←PC等で「ごうどう」と入力すると変換候補に出てきます）。当たり前ですが、合同な図形どうしの対応する角度の大きさや辺の長さは等しくなります。

　三角形は3つの角度と3つの辺を持っていますので、全部で6つの情報

を持っています。しかし2つの三角形が合同であることを確定するのに、6つすべての情報が同じであることを確認する必要はありません。上手に選べば6つの情報のうち3つが等しいことを確かめれば、残りの3つの条件は自動的に同じになります。

三角形の合同条件とは、そんな上手な情報の選び方なのです。

> **三角形の合同条件**
> （ⅰ）3つの辺が等しい（3辺相等）
> （ⅱ）2辺とその間の角が等しい（2辺夾角相等）
> （ⅲ）2角とその間の辺が等しい（2角夾辺相等）

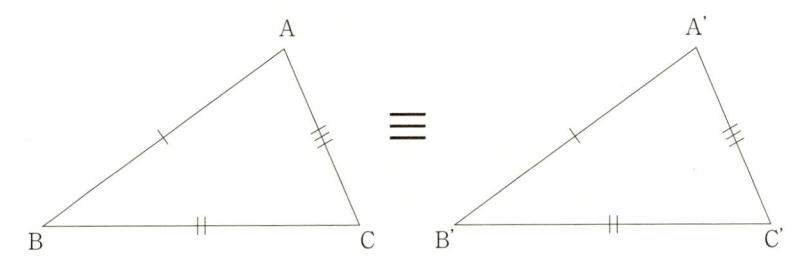

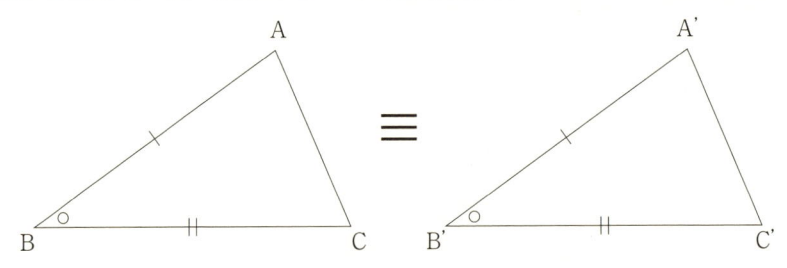

（ⅰ）3つの辺が等しい（3辺相等）

（ⅱ）2辺とその間の角が等しい（2辺夾角相等）

第 5 章　テクニック・その 5　情報を増やす

(iii) 2 角とその間の辺が等しい（2 角夾辺相等）

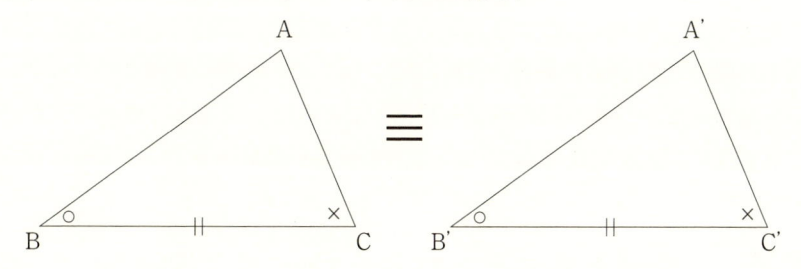

6 つの情報から 3 つの情報を選ぶ方法は他にも、
(iv) 3 つの角度が等しい
(v) 2 辺とその間にない角度が等しい
(vi) 2 角とその間にない辺が等しい
が考えられますが、このような選び方では三角形が合同にならなかったり、効率が悪かったりします。

(iv) 3 つの角度が等しい（合同とはいえない）

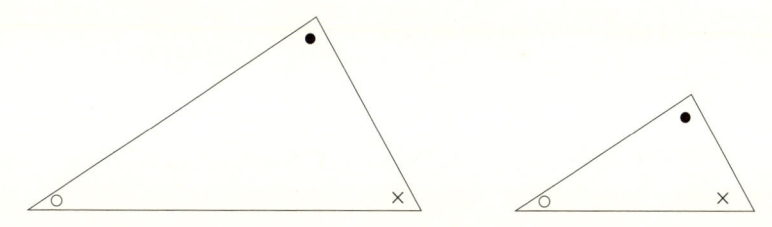

(v) 2 辺とその間にない角度が等しい（合同とはいえない）

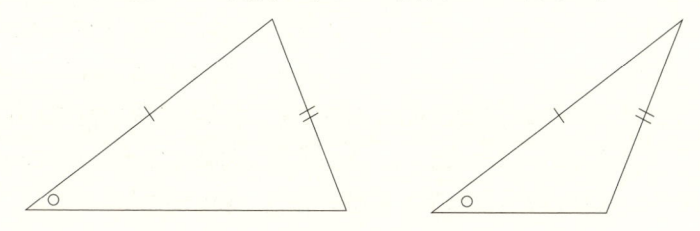

（vi）について。三角形は3つの角度のうち2つまでが等しければ3つめも等しくなります。この3つめの角度を使えば、結局（vi）は2角夾辺相等と同じになりますから、合同にはなります。ただし最初にわかっている2つの角度から3つめの角度を算出しなければいけないので、ワンクッション入ってしまいますね。（vi）は効率の悪い情報の選び方です。

効率よく情報を集めるためのチェックリストを持とう

　たとえばあなたがCDショップにいるとします。具体的にほしい物があるわけではなくて、ちょっと未知の音楽を聴きたい気分です。
　さてあなたはどんな情報を頼りにCDを選びますか？　私達が店頭で確認できる情報と言えば……

① ジャンル　② レーベル（レコード会社）　③ ジャケット写真
④ アルバムタイトル　⑤ 楽曲タイトル　⑥ アーティスト名
⑦ 録音年　⑧ 値段　⑨ 作曲家　⑩ 作詞家　⑪ 録音エンジニア
⑫ トータル時間（楽曲の合計時間）
⑬ 帯（いま話題の○○的な宣伝文句）……

と、こんなところでしょうか（まだあるかもしれません）。実にたくさんあります。でも、このすべてを比較検討して選ぶ人はいないでしょう。過去の経験等によって、必要な情報をチェックして購入するかどうかを決めているはずです。
　私の場合、クラシックだったら①、②、⑨（⑧）あたりで購入を決めてしまいます。というのも、普段からクラシックのCDを買う機会はとても多いので、どのレーベルにどのアーティストが所属しているかがわかっていて、自分好みのアーティストが多いレーベルであれば、知らないアーティストであってもある程度安心だからです。また知らない曲でも作曲家がわかれば作風もわかるので、好みから大きく外れることはありません。⑧はお財布の事情によっては最も重要です……（笑）。

しかしヒップホップのCDを買おうとするときにはこうはいきません。普段ほとんどヒップホップのCDは買わないためチンプンカンプンです。おそらく①、③、④、⑤、⑥、⑧、⑫、⑬などを参考にしながら四苦八苦して選ぶ破目になるでしょう。しかも結果として購入したCDがお気に入りになる確率はクラシックの場合よりうんと低くなります。これは明らかに効率の悪い情報の選び方です。

　未知のものが持っている性質を明らかにしたり、推測したりするときには自分の中に「これさえチェックしておけば大丈夫」というチェックリストを用意しておくことはとても役立ちます。そうすれば最小限の労力で最大限の情報を得ることができるからです。
　三角形の合同条件はまさにそんなチェックリストの典型です。

図形の性質（中学2年生）

分類によって情報を引き出す

　ここではいろいろな種類の三角形と四角形について、その定義と定理をまとめておきます。

> 定義
> 言葉の意味をはっきりと定めたもの
> 定理
> 論理的に正しく証明されたもののうちよく使うもの

　その目的はただ1つ、図形を分類することによって隠れた情報を引き出すためです。たとえば平行四辺形にはたくさんの性質（定理）がありますが、何かしらの手がかりによってその図形が平行四辺形であることがわかれば、そのすべての性質を使うことができます。これこそが分類の醍醐味です。

　普段の生活や仕事で目の前の図形が平行四辺形かどうかを判別しなくてはいけないシーンは限りなくゼロに近いでしょうが（笑）、何かをカテゴライズすることはほぼ毎日のようにしているのではないでしょうか？

　なんでも十把一絡げにしてしまうことの是非はおいておいて、「男性は〜」「日本人は〜」「近頃の若い者は〜」「関西人は〜」「O型の人は〜」などなど……これらはすべて人間を何かしら分類して、その分類の中の特徴でその人物の隠れた性質を説明しようとする言い方です。

　ただし世の中には間違った分類によって、不正確な情報が得られてしま

うこともあります。たとえば、血液型による分類によって性格を論じようとするのは非科学的であると言われていますね。分類によって正しい情報を得るためにはそもそもの定義とそこから論理的に導かれる定理をしっかりと理解する必要があります。

二等辺三角形

【定義】
　２辺が等しい三角形

【二等辺三角形の定理】
　・底角が等しい
　・頂角の２等分線は
　　底辺を垂直に２等分する

【二等辺三角形になる条件】
　・２辺が等しい（定義）
　・２つの角度が等しい（定理）

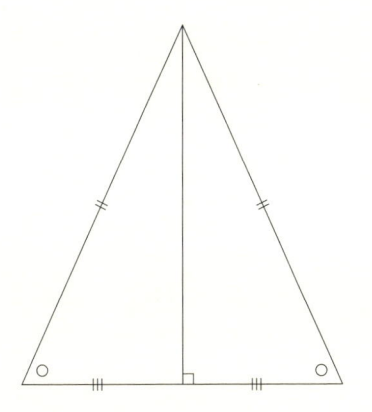

正三角形

【定義】
　３辺の長さが等しい三角形

【正三角形の定理】
　３つの内角が等しい

【正三角形になる条件】
　・３つの辺が等しい（定義）
　・３つの角が等しい（定理）

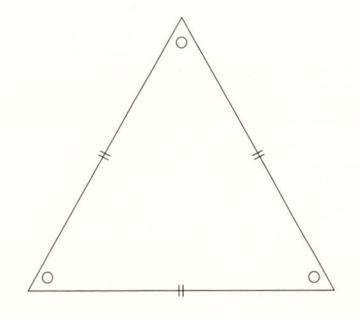

平行四辺形

　【定義】
　　2組の対辺がそれぞれ平行

　【平行四辺形の定理】
　　・2組の対辺がそれぞれ等しい
　　・2組の対角がそれぞれ等しい
　　・対角線がそれぞれの中点で交わる

　【平行四辺形になる条件】
　　・2組の対辺がそれぞれ平行（定義）
　　・2組の対辺がそれぞれ等しい（定理）
　　・2組の対角がそれぞれ等しい（定理）
　　・対角線がそれぞれの中点で交わる（定理）
　　・1組の対辺が平行でかつ長さが等しい

長方形

　【定義】
　　4つの角度が等しい四角形

　【長方形の定理】
　　・平行四辺形である
　　・対角線の長さが等しい

　【長方形になる条件】
　　・4つの角度が等しい（定義）
　　・平行四辺形でかつ対角線の
　　　長さが等しい（定理）

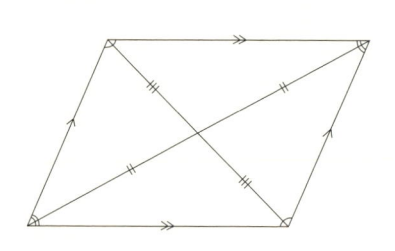

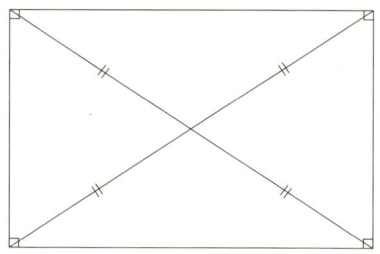

『定義』と『定理』をしっかり区別！

区別！

ひし形

【定義】
　4つの辺が等しい四角形

【ひし形の定理】
　・平行四辺形である
　・対角線が垂直に交わる

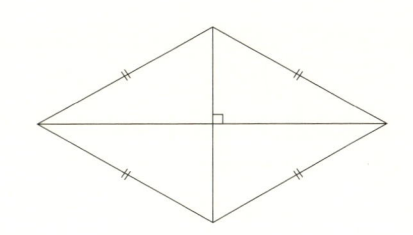

【ひし形になる条件】
　・4つの辺が等しい（定義）
　・平行四辺形でかつ対角線が垂直に交わる（定理）

正方形

【定義】
　4つの角度が等しく、
　4つの辺が等しい四角形

【定理】
　・長方形であり、かつひし形である
　・対角線の長さが等しく、垂直に交わる

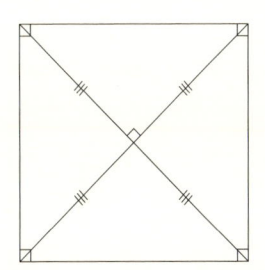

【正方形になる条件】
　・4つの角度が等しく、4つの辺が等しい（定義）
　・平行四辺形で対角線の長さが等しくかつ垂直に交わる（定理）

四角形の分類を図にまとめると次のようになります。

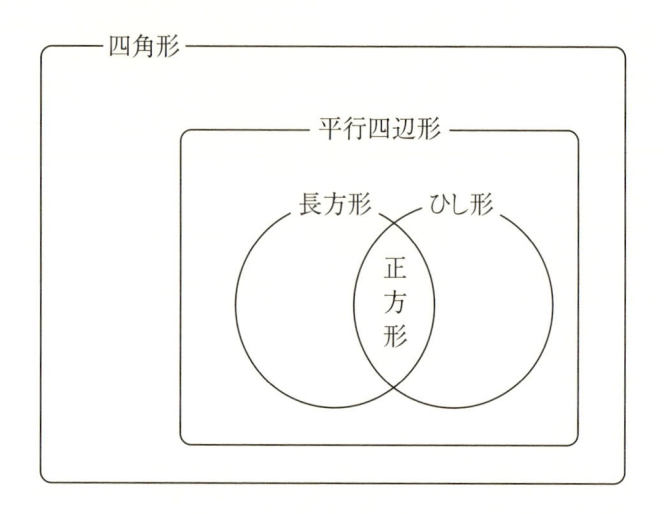

（四角形・平行四辺形・長方形・ひし形・正方形のベン図）

では久しぶりに（？）練習問題です(^_-)-☆

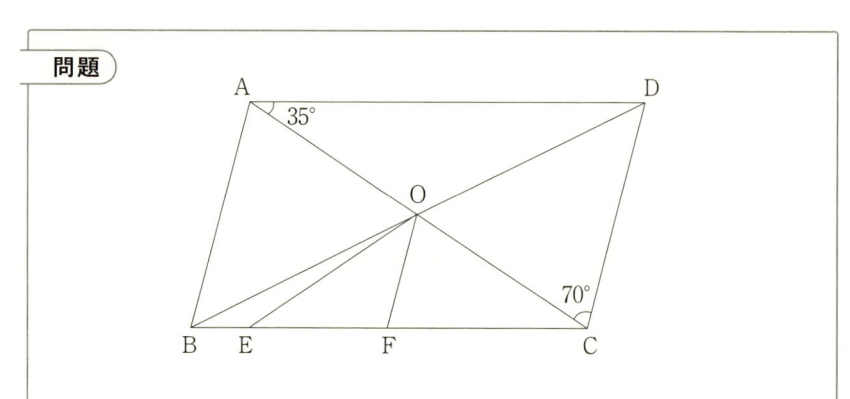

問題

上の図で四角形ABCDは平行四辺形であり、対角線の交点をOとする。辺BC上にE、Fがあって、AO＝EO、OF//DCである。
∠CAD＝35°、∠ACD＝70°のとき∠EOFの大きさを求めなさい。

［千葉県］

むむ……という感じですが、だからと言って闇雲に補助線を引いてもうまくいきません。この図形の中に隠れている性質をあぶり出すのです。

聞かれているのは∠EOFですから、この角度を含む唯一の図形である△OEFに注目するのではないか？ と考えるのは自然なことだと思います。△OEFに含まれる角度のうちわかりそうなものはあるでしょうか？

OF//DCであることから、∠EFOと∠FCDは同位角になっていて等しいはずです。しかも∠FCDは∠FCOと∠OCDに分解できて、∠FCOは∠CADの錯角になっています＼(^o^)／ つまり、

$$\angle EFO = \angle FCD（同位角）$$
$$= \angle FCO + \angle OCD$$
$$= \angle CAD + \angle OCD（錯角）$$
$$= 35° + 70° = 105° \quad \cdots\cdots ①$$

次は∠OEFの大きささえわかれば解けるはずです。そこで∠OEFを含む図形を探すと……そうですね。すぐに△OECが見つかります。ここまで来れば、まだ使っていない「AO=EO」の条件の使い方が見えてくると思います。□ABCDは平行四辺形なので対角線が中点で交わります。すなわち「AO=CO」です。「AO=EO」と合わせると……△OECは二等辺三角形です！ こんなところに二等辺三角形が潜んでいました！

もうほとんどゴールです。

$$AO = CO \quad （平行四辺形の性質） \quad \cdots\cdots ②$$
$$AO = EO \quad （仮定） \quad \cdots\cdots ③$$

②、③より

$$CO = EO$$

よって△OECは二等辺三角形。二等辺三角形の底角は等しいから、

$$\angle OEF = \angle FCO = 35° \quad \cdots\cdots ④$$

①と④から、

$$\angle \text{EOF} = 180° - \angle \text{EFO} - \angle \text{OEF}$$
$$= 180° - 105° - 35°$$
$$= 40°$$

よって、∠EOF=40°です。

　いかがでしたか？　平行線を見つけて錯角が等しいという性質を使ったり、図形の中に潜んでいる二等辺三角形をあぶり出すことで、底角が等しいという性質を使ったりすることで、問題が解決しましたね。

分類の進んだ使い方

　私は大学で惑星物理学を学びました。惑星物理学は主に人工衛星が行ける範囲を研究対象としています。比較惑星論とも呼ばれ、組成等を詳細に調べることを通して太陽系の起源や生命の起源などを明らかにしようとする学問です。惑星物理学では惑星を次のように分類します。

《太陽系惑星の分類》

	地球型惑星				木星型惑星			
	水星	金星	地球	火星	木星	土星	天王星	海王星
半径	小さい				大きい			
質量	小さい				大きい			
密度	大きい				小さい			
自転周期	長い				短い			
衛星	少ない				多い			
環	持たない				持つ			
主成分	岩石				ガス			
核	金属				岩石			

（注）天王星と海王星は氷が主成分でこの２つを天王星型惑星とする分類もある

　分類は隠れた性質をあぶり出すだけではありません。分類によってそれぞれのグループの違いが明らかになると、なぜ違いが生まれたのかという

==考察に繋がります==。太陽系惑星の場合は先の分類から太陽系形成の過程について、次のように考察されています。

太陽系の惑星は微惑星の衝突によって生まれた
↓
太陽からの距離が近い地球型惑星は温度が高いため、
ガスが吹き飛ばされ、岩石の惑星になった
↓
太陽からの距離が遠い木星型惑星は温度が低いためにガスが残った
↓
結果として木星型惑星の周りにはガスがまとわりついて、
大きな惑星になった

　また、同じグループに分類される惑星同士を比較することで、何が地球に特別なことなのかもわかってきます。それは太陽系の中で（おそらく）地球だけに生命が誕生した理由を探ることにも繋がっていきます。

　ところで、地球はそんなに特別な惑星なのでしょうか？　広い宇宙の中に地球にしか生命が存在しないと考えるのは、不自然であり不遜であるようにも感じます。少し前までは他の恒星に見つかる惑星は木星型惑星ばかりでした。でもそれは他の恒星に地球型惑星が存在しないからではなく、一般に地球型惑星は小さいために見つけづらかったのです。

　最近では観測技術の進歩によって、違う惑星系に「第2の地球」と呼ばれる、地球と似通った環境にある惑星が次々と見つかっています。惑星が「第2の地球」である条件は、その惑星がハビタブルゾーン（$habitable\ zone$）と呼ばれる領域にあることで、この領域にある惑星の表面温度は液体の水が存在できる範囲にあるとされています。「第2の地球」は、2007年に1個、2010年に1個、2011年に3個、2012年に4個で、すでに9個も見つかっています（2013年1月現在）。この宇宙の中で人類は孤独ではないことが近いうちに示されるかもしれません。

　あ、ちょっと話がそれましたね(^_^;)　先を急ぎましょう。

円（中学3年生）

情報量No.1の"美しい"図形

　円は中心からの距離が一定の点の集合です。実に単純です。でも定義がこれだけシンプルなのに「距離が一定」というのは大変強い制約であり、その制約がゆえに円に関する定理はたくさんあります。

　かつて古代ギリシャ人たちは円を「最も美しい図形」と呼びました。もちろん何をもって美しいとするかは大いに意見の分かれるところですが、円の美しさはその姿形よりも、強さにあると私は思います。円にはさまざまな定理があるので、何かのきっかけで、ある図形（の全体や一部）が円に内接することが発見できると、使える性質が一挙に増えて幾何の難問題が解決してしまう、ということがよくあります。こんなことは他の図形ではなかなかありません。

　私にとって円は多くの情報を与えてくれるという点において美しくそして最強の図形です。

　と、いうことで中学数学に出てくる円に関する定理をまとめておきますね。

第5章 テクニック・その5 情報を増やす

(ⅰ) 円周角の定理

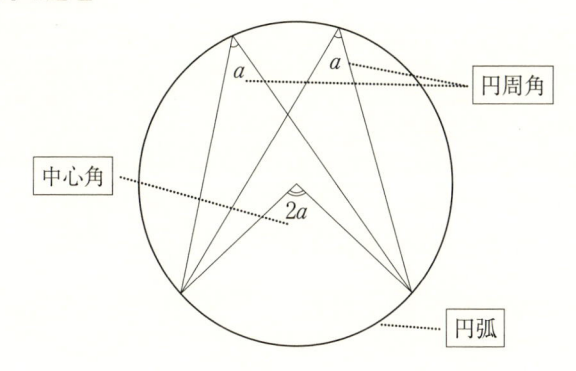

中心角／円周角／$2a$／a／円弧

- 1つの円弧に対する円周角の大きさは一定
- 円周角は中心角の半分

(ⅱ) 円周角と弧の定理

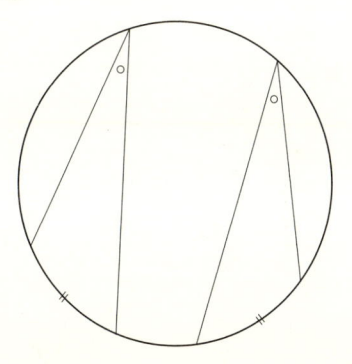

- 1つの円で、等しい円周角に対する弧は等しい
- 1つの円で、等しい弧に対する円周角は等しい

(iii) 円周角の定理の逆

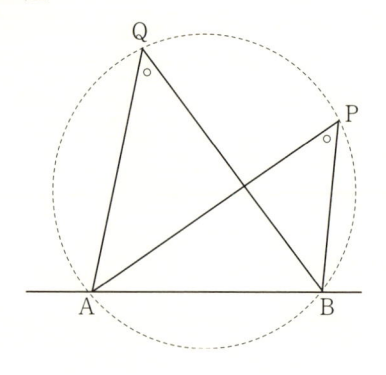

> 2点P、Qが直線ABについて同じ側にあって、
>
> ∠APB ＝ ∠AQB
>
> ならば、4点A、B、P、Qは同一円周上にある

(iv) 円に内接する四角形

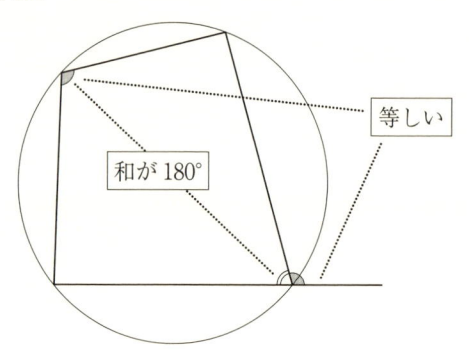

> ・対角の和は180°
> ・外角はそのとなり合う内角の対角に等しい

（vi）接弦定理

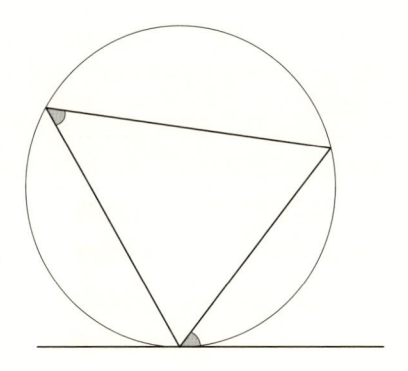

円の接線とその接点を通る弦のつくる角は、その角の内部にある弧に対する円周角に等しい

次の問題はある図形が円に内接していることがわかると立ちどころに答えがわかってしまう例です。

問題

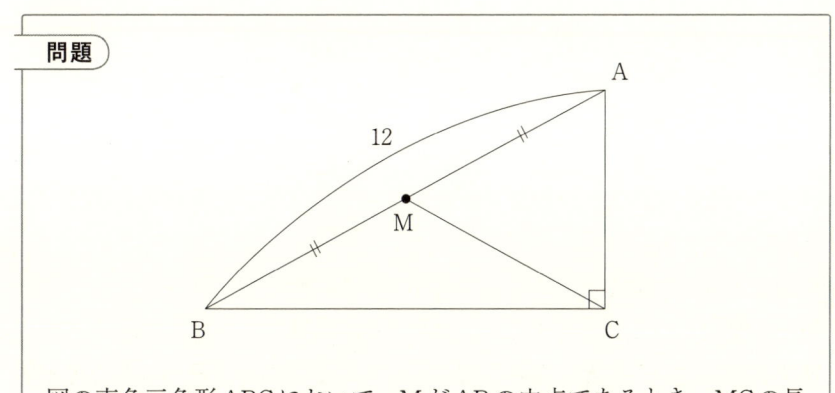

図の直角三角形ABCにおいて、MがABの中点であるとき、MCの長さを求めなさい。

この問題はそう難しいわけではなく、MからBCに垂線を引いて△ABC

と相似な三角形を作ることでも解決します（やってみてくださいね）が、△ABCが円に内接することが見抜ければ、ほとんど何の計算も必要なくすぐに答えがわかってしまいます。

　直径（180°）に対する円周角は90°なので、直角三角形はいつも円に内接します。このとき斜辺は直径になるので、Mは円の中心です。

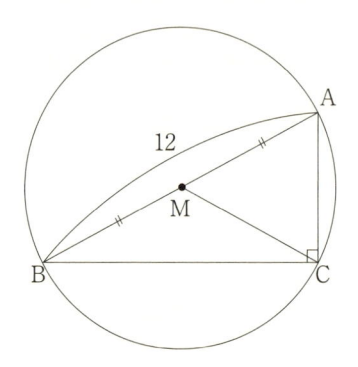

MCは半径なので、直径（AB）の半分で、

$$MC = \frac{1}{2} \times AB = \frac{1}{2} \times 12 = \underline{6}$$

とすぐに求まります。

　どうでしょうか？　円の強い制約によって答えがいとも簡単に導ける感覚を味わってもらえたでしょうか？
　連立方程式を学んだときに、答えを求めるには自由度が０になるまで制約が必要だという話をしました。強い制約があるということは、それだけ情報が多いということであり、強い制約の中では答えを見つけることが簡単になります。

　たとえば、「自由に作文してください」と言われたとします。ほとんどの人はどんなテーマについて、どれくらいの字数で書くべきかがわからず

に途方にくれることでしょう。

　しかし、「桜について俳句を書いてください」と言われれば、出来がよいかはさておき(∩_∩)、何かしら一句や二句は書けるのではないでしょうか。俳句には五・七・五にまとめたうえに必ず季語を入れなくてはいけないという非常に強い制約があります。でもこの強い制約があるからこそ、ほぼ即興で誰にでも「答え」が書けるのだと思います。

　ルールは普通忌み嫌われるものですが、ルールがあるということはそれだけ答えが近いということでもあります。私はそんなことを円から連想します。

相似（中学3年生）

比例式が使える図形

　ある図形を何倍かに拡大または縮小した図形はもとの図形と「相似である」と言います。記号は「∽」を使います（これも「そうじ」と入力すると変換候補に出てきます）。要は、大きさは違っても形が同じである図形のことです。

　2つの図形が相似であることがわかると、対応する辺の比が等しくなります。おっ、「比」が等しいということは……そうですね。あの強力な武器、

$$a:b=p:q \iff aq=bp$$

が使えます！

　三角形の場合は、次の3つの条件のうちどれか1つが成り立てば相似です。

三角形の相似条件
　（ⅰ）3組の辺の比がすべて等しい（3辺比相等）
　（ⅱ）2組の辺の比とその間の角が等しい（2辺比夾角相等）
　（ⅲ）2組の角がそれぞれ等しい（2角相等）

　私見ですが、相似条件の中で最も使う頻度が高いのは（ⅲ）です。一番シンプルであり、また与えられた図形について辺の比がわかることは稀だからです。ただし応用問題では逆に（ⅱ）もよく使います。

第5章　テクニック・その5　情報を増やす

（ⅰ）3組の辺の比がすべて等しい（3辺比相等）

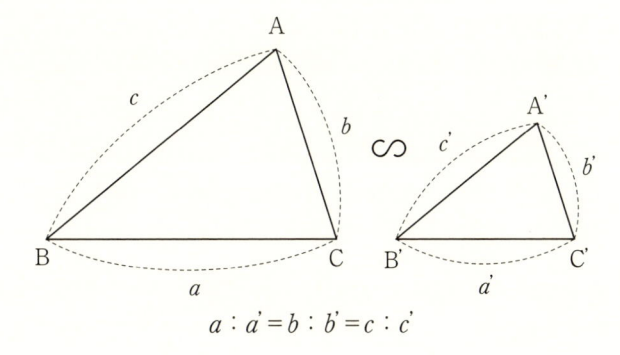

$a : a' = b : b' = c : c'$

（ⅱ）2組の辺の比とその間の角が等しい（2辺比夾角相等）

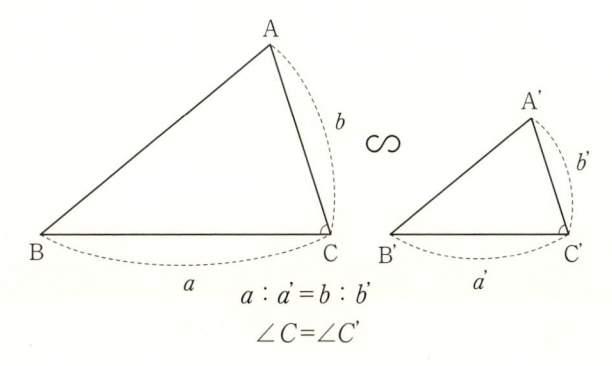

$a : a' = b : b'$
$\angle C = \angle C'$

（ⅲ）2組の角がそれぞれ等しい（2角相等）

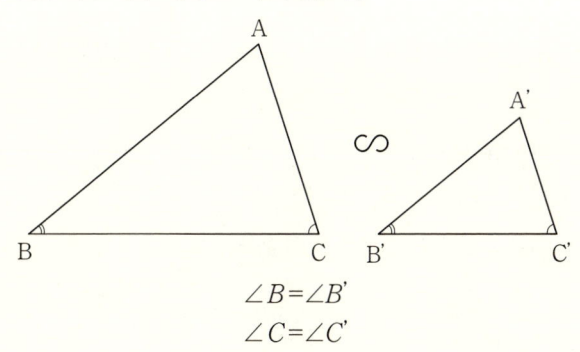

$\angle B = \angle B'$
$\angle C = \angle C'$

ではここで、相似な図形を見つけることで隠れた性質があぶり出される例を出しましょう。

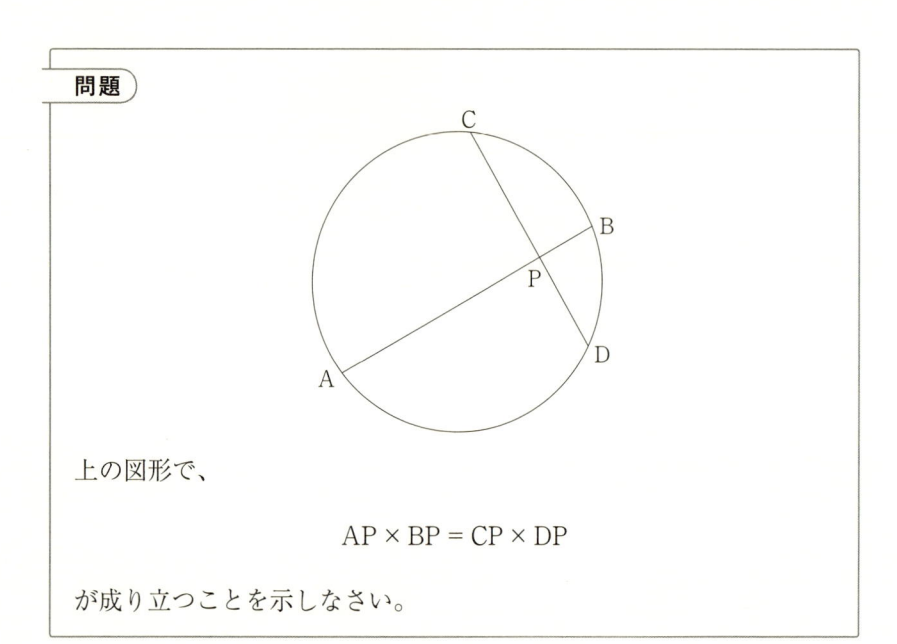

問題

（図：円周上に点A, B, C, Dがあり、弦ACと弦BDが点Pで交わる）

上の図形で、

$$AP \times BP = CP \times DP$$

が成り立つことを示しなさい。

証明しなければいけない式「$AP \times BP = CP \times DP$」から、比例式における「外項の積＝内項の積」が連想できればしめたものです。
　すなわち、

$$AP \times BP = CP \times DP \Leftrightarrow AP : DP = CP : BP$$

です。
　図形の中で比例式が成り立つということは……相似な図形が隠れているに違いない！　と発想できるようになってくださいね。
　与えられた図形に手を加えて三角形を作ってみましょう。

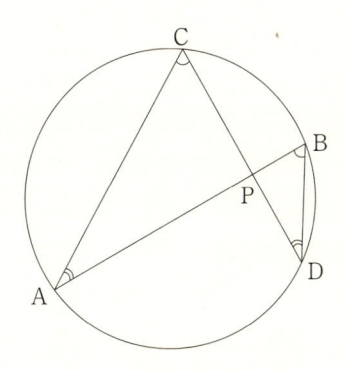

第5章 テクニック・その5 情報を増やす

さあ、この状態で使えそうな相似条件はどれでしょうか？ 辺に関する情報はまったくないので、(iii)の2角相等を使うしかなさそうです。2角が等しい三角形を探しましょう……と言ってもすでに図の中にマークを付けてしまいました。そうです。円周角の性質を使うと等しい角度がすぐに見つかります。

△PACと△PDBについて、

$$\angle \text{ACP} = \angle \text{DBP}（弧ADの円周角）$$
$$\angle \text{PAC} = \angle \text{PDB}（弧BCの円周角）$$

2角相等により、△PAC∽△PDBです。

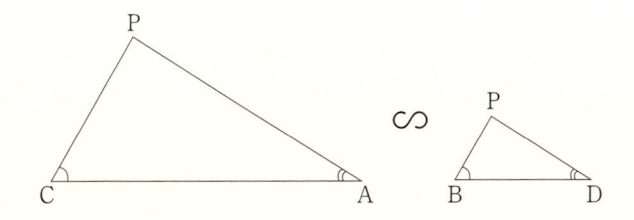

相似な図形の対応する長さの比は等しいので、

$$AP : DP = CP : BP$$

外項の積＝内項の積より、

$$AP \times BP = CP \times DP$$

はい！　これで証明ができました。円に2本の線分を引いただけですが、円周角の定理を使って、相似な三角形をあぶり出すことで、なんとも美しい関係式が得られました。

　実はこれは「方べきの定理」と呼ばれる有名な定理です。高校数学で学びます(^_-)-☆

　話は飛びますが、私は芥川龍之介の、

"人生は一箱のマッチに似ている。重大に扱うのは莫迦莫迦しい。重大に扱わなければ危険である。"

という言葉が好きです。こともあろうに人生をマッチ箱に喩えてしまう大胆さに新鮮味を覚えると同時に、「確かに……」と思えるような含蓄もあると思うからです。

　この言葉に限らず、あるものと別のものが似ていることがわかって、すっと新しい地平が開くような爽快感を味わったことは誰にでも経験のあることでしょう。

　図形の相似を通じて、似ているものが見つかりさえすれば、情報量が飛躍的に増えて、見えなかった性質があぶり出される感覚を磨いてほしいと思います。

第6章

テクニック・その6
他人を納得させる

他人を納得させるには

> **ポイント**
> ・仮定、結論を明示する。
> ・「ならば」の理由をわかりやすく示す。
> ・受け売りを言わない。

　数学の歴史を計算の歴史と考えるなら、その起源はとても古いです。古代バビロニアやエジプトでも盛んに計算は行なわれていましたし、実用に足る円周率の近似値や直角三角形が後に言うところのピタゴラスの定理（三平方の定理）と関連していることも知られていました。これらは、穀物の収穫量の比較、ピラミッドの底辺の長さの見積り、川の氾濫の度に必要になる測量などに必要不可欠な計算でした。

　しかし数学の歴史を論理の歴史と考えるなら、その始まりは紀元前6世紀頃です。ギリシャを中心に「計算」から脱却して世の中の真理を「論理」によって探求しようとする者たちが現れました。その最初の1人がターレスという哲学者です。
　ターレスは地面に立てた棒の影の長さでピラミッドの高さを測ってエジプト王を驚かしたり、日食を予言したり、天文学を使ってオリーブの豊作を予想したり、星の観察に夢中になるあまりドブに落ちたり……とエピソードの多い人物ですが、彼は当時の実例計算に「なぜ正しいのか」という疑問を抱き、測量技術の正しさを初めて証明した人物だと言われています。
　ターレスが証明した定理には、

（ⅰ）円はその直径により2等分される
（ⅱ）二等辺三角形の底角は等しい
（ⅲ）対頂角は等しい
（ⅳ）1辺とその両端の角が等しい三角形は合同
（ⅴ）半円の弧に対する円周角は直角

などがあります。

　証明という論理によって世界を考えようとした最初の人物であることから、ターレスは哲学・数学・科学の創始者として「ギリシャ7賢人」の1人に数えられています。

　ギリシャで論理的思考が生まれたのは、当時のギリシャ社会が民主制だったからだと言われています。討論によって物事を決める場面では、聞くものを論理によって納得させる必要があったのです。論理的に正しいこと（数学によって証明されたこと）は、圧倒的な説得力を持ちます。その真理の前では、何人も抗うことができません。

仮定と結論(中学2年生)

論理の基礎

　中学数学で学ぶ「仮定」と「結論」は論理の基礎中の基礎です。これがわからなければ、いかなる論理も成り立ちません。にもかかわらず「仮定」が違うそれぞれの「結論」をひたすら連呼しあって「討論」と評したり、根拠のない「印象」をさも論理的な「結論」であるかのように話したりする大人が跡を絶たないことに私は少なからず失望します。数学教育の充実は急務です（生意気ですが……）。

> **仮定と結論**
> 　あることがらが「AならばBである」という形で表せるとき、Aの部分を仮定、Bの部分を結論と言います。

（例1）
　「△ABCが正三角形ならば、∠A＝60°である」の場合
　　仮定：△ABCが正三角形
　　結論：∠A＝60°である

（例2）
　「ひし形は、点対称な図形である」
　　仮定：ある図形がひし形である
　　結論：その図形は点対称である

例2のように、「AならばBである」の形でない場合もあります。このようなときは自分で言葉を補う必要があります。また「AならばBである」が正しくても「BならばAである（←仮定と結論が逆）」は正しいとは限りません。

例1で仮定と結論を逆にして、「∠A＝60°　ならば△ABCは正三角形」とすると、1つの角度が60°でも正三角形になるとは限りませんので、これが正しくないことは明らかです。

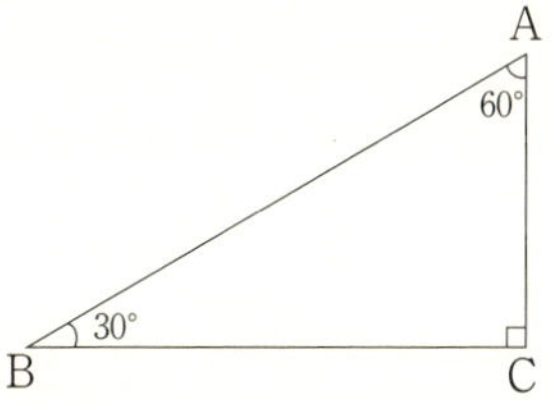

このように「AならばB」が正しければAを十分条件、Bを必要条件と言います。また、「AならばB」と「BならばA」の両方が正しいときはAとBは互いに必要十分条件になります（高校数学）。
詳しくは『大人のための数学勉強法』184頁をご覧ください。

仮定がおかしいと、論理的に導かれた結論であっても、矛盾を含んだものになります。このことを逆手に取った証明法が高校数学で習う背理法です。背理法は証明したいことの逆を仮定して、矛盾した結論を導くことで証明とする方法です（詳しくは『大人のための数学勉強法』139頁をご覧ください）。

ゼノンのパラドックス（範囲外）

紀元前5世紀になると、ターレスから始まった論理的数学の基盤を揺るがすような人物が現れます。エレア派の哲学者ゼノンです。ゼノンは、結論は明らかにおかしいのに、それを導く論証過程自体は正しそうに見える、いわゆる「ゼノンのパラドックス（逆説）」を発表しました。その中から一番有名な「アキレスと亀」をご紹介します。

《アキレスと亀》

　軍神アキレスは大変足が速い。そのアキレスと亀が徒競走をすることになった。亀はハンデをもらいアキレスより少し前からスタートする。しかし、アキレスは亀に追いつくことはできない。なぜなら亀が元いた場所にアキレスが到着したとき、亀は元いた場所より先に進んでいるからである。これは何度でも繰り返すことができるので、結局アキレスは永遠に亀に追いつくことができない。

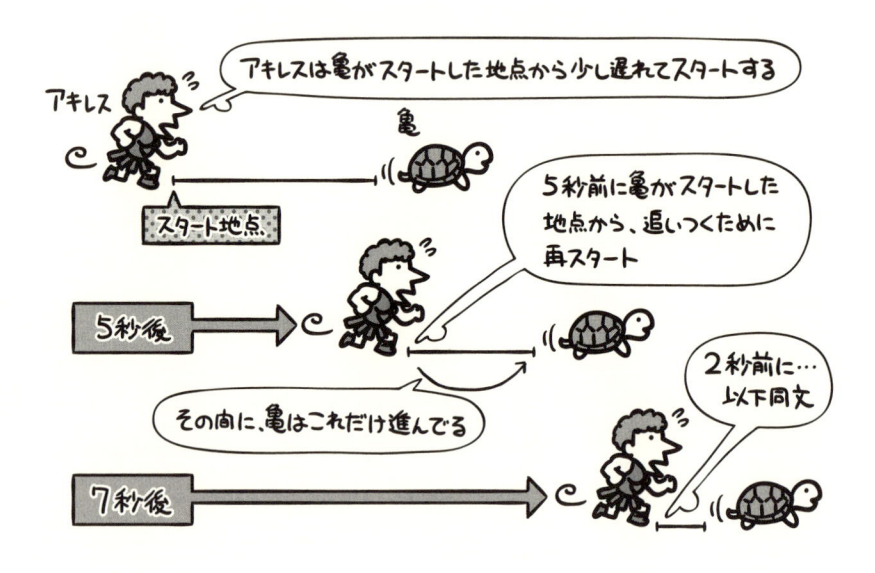

　アキレスが亀に追いつくことができないのは明らかにおかしい結論ですよね。しかしこれに反論することは容易ではありません。当時のギリシャでも大混乱になりました。そんな折、かのプラトンは「これは考えるに及ばない」と結論づけたといいます。プラトンは、このパラドックスを論じるには「運動」や「限りなく小さいもの（無限小）」などの概念が必要であり、そういうものは当時の考えの範囲を超えていることを見ぬいたのです。実際、「運動」や「無限」が扱えるようになるには17世紀のニュートンを待たなくてはなりません。

第6章　テクニック・その6　他人を納得させる

> ちなみにこの「アキレスと亀」のパラドックスは、
> $$\lim_{n \to \infty} \frac{1}{n} = 0$$
> を理解することで解決します。

　プラトンのように言葉を厳密に定義し、考えられる範囲で論理的に物事を考えようとする姿勢は、前にも紹介したユークリッドの名著『原論』に結実します（何とこの本は、その後2000年以上も世界中で数学の教科書として使われました）。『原論』の中でユークリッドが示した基本姿勢は、==明らかに真である事実（公理）から出発して==、==厳密な論理を重ねることで、他の事実（結論）を導く==というものでした。

PAC思考法（範囲外）

　今日ではこのような思考法をPAC思考法と呼ぶことがあります。

【PAC思考法】

P（*Premise*：前提／事実）

↓

A（*Assumption*：仮定）

↓

C（*Conclusion*：結論）

　中学数学では「前提」についてはあまり言及しませんが、普段の生活ではそもそも前提がおかしい「論理」に時々出会います。詐欺の「論理」は大抵このパターンです。「仮定⇒結論」の論理がもっともらしく語られていたとしても「あれ？　おかしいんじゃない？」と思う結論になったときは、前提（P）を疑ってみるとよいでしょう。
　1つ例を出しますね。

229

> **問題**
>
> $$1 + 1 = 10$$
>
> は正しい式か？

「もちろん間違ってるよ！ 1+1は2に決まってるじゃん」
と言うのは簡単です。でも本当に「決まってる」のでしょうか？
　「1+1」というのは仮定ですね。また「10」というのは結論です。あれ？ 前提は何でしょう？　そうなんです。この問題のイヤラシイところは前提が明記されていないところなのです。まずはそこに気がつくことが騙されないためのポイントです。
　実はこの式は2進法を前提にしているのであれば、正しい式です。
　前に10進法とは、

$$789 = 100 \times 7 + 10 \times 8 + 1 \times 9$$

という意味だ、と書きましたが、2進法の世界では、

$$1 = 1 \times 1$$
$$10 = 2 \times 1 + 1 \times 0$$

ですので、上の式は、

$$左辺 = 1_{(2)} + 1_{(2)} = 1 \times 1 + 1 \times 1 = 2$$
$$右辺 = 10_{(2)} = 2 \times 1 + 1 \times 0 = 2$$

より、

$$左辺 = 右辺$$

つまり、この問題の解答は、<u>2進法であれば正しい</u>、です。

> 数字の右下の (2) は2進法である、という意味です。

現実社会においてはこの問題のように前提（P）が「当然のこと」として言及されない例は多いです。特に日本人は「阿吽の呼吸」を美徳とするところがありますね。いわゆる「みなまで言うな」という文化です。しかし国際社会においては何事も「当たり前」と考えるのは大変危険です。

アインシュタインは、

"常識とは18歳までに身に付けた偏見のコレクションのことだ。"

と言っていますが、生まれ育った環境が違う相手に対しては、こちらの常識があちらの非常識になるケースはいくらでもあるでしょう。そういうバックグラウンドが違う人と論理的な話し合いを行なうためには議論の最初に前提（P）をしっかり確認することを忘れてはいけません。

証明の基礎
(中学2・3年生)

答案で求められていること

「なあ、お前何カンだった？」
「俺、3カン。お前は？」
「俺は1カンだよ〜」
「へ〜。あ、でも田中なんて0カンだってよ」

　これは4月の東大駒場キャンパスでよく聞かれる会話です。彼らは食べたお寿司の個数について話しているのではありません。「3カン」とか「1カン」というのは、漢字で書くと「3完」とか「1完」ということで、入試の数学で何問完答できたかを話しています。

　東大の入試における数学は、理系の場合大問が6問で1問20点の120点満点です。その6問のうち完答できた（最後の答えまで書けた）のが3問であることを「3カン」という風に言うのです。では「0カン」の田中君（仮名）は数学が0点で合格できた、ということでしょうか。もちろん違います。田中くんが0カンでも合格できた理由は数学の採点方法にあります。

　私は初めて東大の答案用紙を見たとき、驚きました。それはA3よりも大きな紙で、受験番号と名前を書く欄があって、問題毎の解答欄を示すごくごく簡単な罫線が引いてある他はただの真っ白い大きな紙でした。あまりに素っ気なく、気後れするような広大なスペースです。こんな答案用紙

を用意して東大はいったい何を見ようとしているのでしょうか？

　たとえば図形の問題である角度を求める問題が出たとします。そしてその答えが30°であるとします。でも、受験生が答えとしてただ「30°」と書いただけでは20点の配点中２～３点しかもらうことはできません……と言うより、１点ももらえない可能性もあります。そもそも答えだけ合っていればいいのであればそんなに広大なスペースは必要ないはずです。なぜ30°だと結論することができるかについて、数学的にきっちりと論理が積み上げられていて、それがしっかりと答案の中に「表現」されていなければ、20点満点をもらうことはできないのです。

　逆に言えば、最後の「30°」の答えまでは行き着かなくても、考え方の方針が正しく、途中まで数学的に正しく推論できていれば、12～３点を獲得することは決して珍しくありません。田中君が１問も完答できなかったとしても、それぞれの問題について途中まで正しく答案が書けていれば、十分合格点に達することは可能なのです。このことから、東大では答え（結論）が何であるかを言える人間より、なぜそう考えられるのかを、その思考のプロセスを他人に論理的に表現できる人間を求めていることがわかります。

　東大はホームページ上で「高等学校段階までの学習で身につけてほしいこと」として、東大を目指す高校生が大学入学前の学習において特に留意すべきことを教科別にまとめて発表しています。数学についてはこうあります。

　　"本学の入学試験においては、高等学校学習指導要領の範囲を超えた数学の知識や技術が要求されることはありません。そのような知識・技術よりも、「数学的に考える」ことに重点が置かれています。"

　　"数学的に問題を解くことは、単に数式を用い、計算をして解答にたどり着くことではありません。どのような考え方に沿って問題を解決した

かを、数学的に正しい表現を用いて論理的に説明することです。入学試験においても、自分の考えた道筋を他者が明確に理解できるように「数学的に表現する力」が重要視されます。"

出所：[http://www.u-tokyo.ac.jp/stu03/e01_01_18_j.html]

数学のテストは加点法

　受験生にとって、答案は自分を表現できる唯一の場です。逆に採点官にとっては、答案に書かれていることがその受験生を評価する材料のすべてです。

　「ほら、自分はこんなにわかっていますよ！」

ということをしっかりと答案の中で表現しなくてはいけません。もちろんその表現には数式だけでなく、日本語や、時には図やグラフも交えながら使えるものはすべて使ってください。

　アインシュタインは「わが相対性理論」の中で

　"優美にすることは靴屋と仕立屋にまかしておけばいい。"

と語ったボルツマンの言葉を紹介し、

　"論文はスマートに書く必要はない。"

と書いています。これは答案にも言えることです。問題集に付いているような格好のよい答案を書こうとする必要はありません。多少不格好でもよいのです。とにかく、書けることはすべて書きましょう。こんな風に書くと

　「余計なことを書いたら減点されちゃうかもしれないし……」

と、気弱な声も聞こえてきそうです。でも安心してください。**数学のテストというのは加点法です。余計なことや間違っていることが書いてあるからといって減点されることはありません。**

> 残念なことに中学や高校の先生の中には、この原則を理解されていない人もいて、減点法で採点をしてしまうケースがあるようです。

数学のテストの採点では、全体をみて、
「まあ～7点かな」
という風な点数のつけ方はしません。必ず、
「○○のことが書いてあれば2点」
「△△のケースについて論じてあれば3点」
などのしっかりとした採点基準があって、細かく加点していきます。繰り返しますが、答案に「書きすぎ」を心配しないでください。答案は自分をアピールできる唯一の場所であることを意識して、多少くどいくらいにしっかりと書ききることが大切です。

「何をどう書いたらよいかわからない」
という声もよく聞きます。それは多分、採点をするのが「先生」だと思うからです。いや、もちろん実際には「先生」が採点をするのですが、答案を書くときはそれを採点するのが先生だとは思わないほうがよいです。先生が読むものだと思って書くと、
「こんなことは先生には当たり前だから書かなくていいや」
「これも先生なら当然わかっているだろう」
と思い、ついつい答案を削ってしまいがちです。結果として何行か数式が書いてあるだけの随分と簡素な答案になってしまいます。しかし、そのような答案は、先生にとってもわかりづらく、生徒がどのように考えて答えに行き着いたのかが見えないものになってしまいます。

上手な答案を書くコツは、それを友達が読むものと思って書くことです。できれば自分よりもちょっと数学ができない人を想像してもらえばベストです。そういう人に、答案だけを使ってその問題がどうしてその答えになるのかを、説明するつもりで書くのです。
「この式変形は平方完成なんだけれど、あいつはわからないかもしれな

いな……よし、ここには『平方完成より』と書いておいてあげよう」
と、自ずと数式だけではなく、日本語も使わざるを得なくなるでしょう。あるいはグラフや図を答案の中に盛り込んで「説明」する必要性も感じると思います。

　数学の答案は日本語が入れば入るほどよい、と言っても過言ではありません。答案はそれがわかっていない人に対して優しく説明してあげるつもりで書くとよいものになります。

証明の書き方

　仮定からスタートして、論理的に展開し望まれている結論を導くという点において、上の答案の書き方は、そのまま証明の書き方でもあります。

　学生時代に証明が苦手だった人は多いでしょう。でも、数学が論理的思考力を磨く学問である以上、証明は数学のメインディッシュであると私は思います。

　証明を書く際のポイントは次の通りです。

証明のポイント
　(1) 仮定、結論をはっきりと明示する
　(2) 仮定から結論に至る理由を丁寧に書く
　(3) 「A⇒B⇒C⇒D…」と「ならば」が重なるときはどこに繋がる「ならば」なのかを明記する
　(4) 読み手の気持ちになって親切に書く

---

　(4) は何だか道徳みたいですが、実はこれが一番大事かもしれません。「読んでくれる人がわかりやすいように」という優しい気持ちがあれば、(2) や (3) は自ずとできることだと思います。

　証明も答案も独りよがりが一番いけません。

第6章　テクニック・その6　他人を納得させる

> 証明問題に取り組む際に、どうやってその糸口を探すかについては『大人のための数学勉強法』の「10のアプローチ」の中の「ゴールからスタートをたどる」に詳しく書きました。参考にしてみてください。

次の簡単な証明問題を通して、証明の基本を確認しましょう。

問題　右の図において
AB = CB、AD = CDであるとする。
このとき、∠A = ∠Cであることを
証明しなさい。

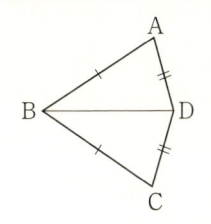

【解答】
△ABDと△CBDにおいて、
仮定より、

$$AB = CB \cdots\cdots ①$$
$$AD = CD \cdots\cdots ②$$

【←仮定】

また

$$BD 共通 \cdots\cdots ③$$

①、②、③より3辺相等。
よって三角形の合同条件より、

$$\triangle ABD \equiv \triangle CBD$$

【←理由】

合同な三角形の対応する角度は等しいので、

$$\angle A = \angle C$$

【←結論】

(終)

いかがでしょうか？　こんな風に仮定と結論が明示してあって、しかもそれらを繋ぐ「⇒」の理由も丁寧に書いてあると、ぐうの音も出ない心持ちになりませんか？　これが証明の力です。繰り返しますが、きちんとした証明は圧倒的な説得力を持ちます。

　本書の中で私はすでに何度も証明を書いてきました。また、言ってみればこの本自体も「中学数学は役に立つ」という結論の証明（のつもり）です。ここでは「一度は中学数学を学んだことのある大人が読者である」が前提であり「『7つのテクニック』を通して、中学数学全体を再編して、イメージを膨らませる」が仮定です。果たしてうまく結論を導けているでしょうか？　私の挑戦でもあるこの「証明」が正しいかどうかは読者の皆さんの判断に任せたいと思います。

第6章 テクニック・その6 他人を納得させる

空間図形(中学2年生)

伝え聞いたことを鵜呑みにしない

正多面体について、教科書や参考書には次のように書かれています。

【正多面体】
　すべての面が合同な多角形で、どの頂点にも同じ数の面が集まる凹みのない多面体を正多面体という。
　正多面体には次の5種類しかない。

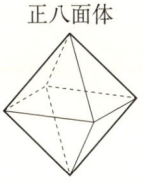

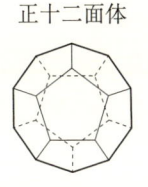

　正四面体　　正六面体　　正八面体　　正十二面体　　正二十面体

最後に「正多面体には次の5種類しかない」とありますが、ほんとうでしょうか？　正多角形はほとんど無限に種類があるのに、たった5種類なんて随分と少ない感じがします。
　こんなとき、
「教科書に書いてあるのだから正しいに決まっている」
と考えるのは早計です。過去に教科書が間違っていた例は決して少なくありません。

たとえば2009年にはこんなことがありました。従来、硫黄の同素体の1種である「ゴム状硫黄」は黒褐色であるというのは一般的な知識で化学の教科書にもそのように明記されていました。私も高校時代に「ゴム状硫黄……黒褐色（ブツブツ）」と暗記した覚えがあります。しかし、山形県の1人の高校生（！）がこれに疑問をもち実験を試みたところ、純度が高ければ真っ黄色のゴム状硫黄が得られることを確かめてしまったのです。これを指導教員が出版社に報告し、教科書はその後訂正されました。

　この高校生がずば抜けて突出した科学者としてのセンスを持っていたことは間違いありませんが、私たちは彼から**真理を導く基本姿勢は「自分で確かめる」**ことであると学ばなければいけません。

　大新聞やテレビのニュースですら誤報であることが珍しくない現代にあっては、

「ネットに○○って書いてあった」

「友達が△△って言ってた」

と受け売りを言っても、他人を納得させることは難しいでしょう。でも実際に自分できちんと証明できたことを、

「□□になった！」

と言えば、疑い深い人であっても十分納得させられるはずです。

　今のあなたも「正多面体は5種類しかない」と言われているだけですから、これを信じられないとしても全然不思議ではありません（数学は疑い深い人のほうが向いています）。そんなあなたを説得するために、実際に「正多面体は5種類しかない」ことを確かめていきますね。

正多面体は5種類しかない理由

正多面体の1つの面は必ず正多角形になっています。

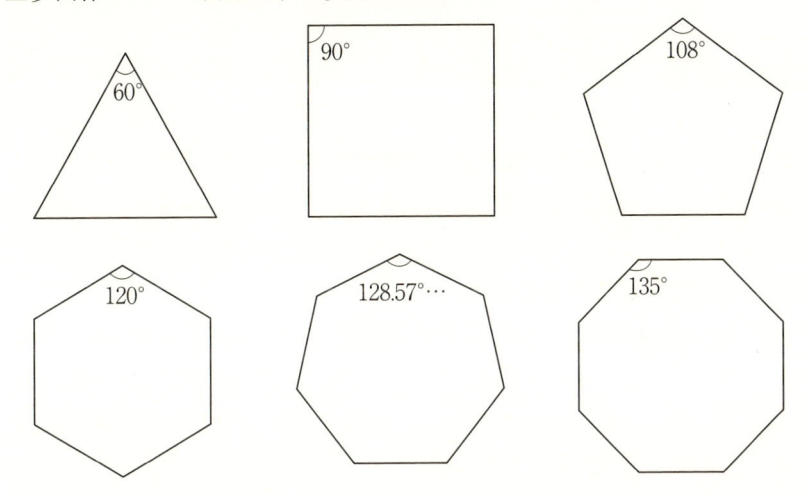

図は正三角形から正八角形までの形と1つの内角の大きさを示しています。

まず、凹みのない多面体を作るためには2つの前提が必要です。

> **前提A**
>   1つの頂点に集まる面の数は、最低3つなければならない。

> 2つ以下では立体になりません。

> **前提B**
>   1つの頂点に集まる面の、内角の大きさの合計は、360°より小さくなくてはならない。

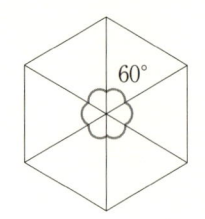

[　60°　←360°になると平面になってしまい、立体を作ることができません。　]

　以上をふまえて、1つの面が正三角形の場合から順に、正多面体を作るとどのような正多面体を作ることができるかを考えていきましょう。

(ⅰ) 1つの面が正三角形の場合
　今、ある正多面体の1つの頂点に正三角形がn個集まっているとします。このとき、前提Bより頂点に集まる面の、内角の大きさの合計は360°より小さくなくてはなりません。正三角形の1つの内角の大きさは60°ですから、次の不等式が成り立ちます。

$$60 \times n < 360$$
$$\Leftrightarrow \quad n < 6$$

　また、前提Aより1つの頂点に集まる面の数は最低3つなければならないので、

$$3 \leq n$$

ですね。以上より、

$$3 \leq n < 6$$

となります。6のほうの不等号には＝が入っていないことに注意すると、nとしてありえるのは、3、4、5だけだということになります。
　ここでnって何でしたっけ？　そう、1つの頂点に集まる正三角形の数でしたね。$n = 3$のとき、すなわち1つの頂点に3つの正三角形が集まっている正多面体が正四面体です。以下同様に、$n = 4$のときが正八面体、$n = 5$のときが正二十面体になるわけです。

(ii) 1つの面が正四角形の場合

次に1つの面が正四角形（正方形）の場合はどうでしょう？

正三角形の場合と同じように考えて、1つの頂点に集まる正四角形の数をnとすると、正方形の1つの内角は90°ですから、前提Bより、

$$90 \times n < 360$$
$$\Leftrightarrow n < 4$$

前提Aより1つの面が何角形であったとしても常に、

$$3 \leq n$$

です。すなわち、

$$3 \leq n < 4$$

となって、nとしてありえるのは$n = 3$の場合だけです。このとき正多面体は正六面体（立方体）になります。

(iii) 1つの面が正五角形の場合

さあ、もうおわかりですね。正五角形の場合もまったく同様に考えて、

$$108 \times n < 360$$
$$\Leftrightarrow n < \frac{360}{108} = 3.33\cdots$$
$$\therefore 3 \leq n < 3.33\cdots$$

です。結局1つの面が正五角形の場合もnとしてありえるのは$n = 3$の場合だけです。このときの正多面体は正十二面体になります。

(iv) 1つの面が正六角形以上の場合

次に1つの面が正六角形の場合を考えてみましょう。今度は、

$$120 \times n < 360$$
$$\Leftrightarrow \quad n < 3$$
$$\therefore \quad 3 \leqq n < 3$$

です。おや、これはおかしいですね。3以上で3より小さい数などありません。よって、1つの面が正六角形の正多面体は作れないことがわかります。正七角形、正八角形……となると内角はもっと大きくなっていきますので、やはり正多面体を作ることはできません。

　以上より、確かに正多面体は5種類しかないことがわかりました！
　哲学者ルソーは、

"ある真実を教えることよりも、真実を見出すにはどうしなければならないかを教えることのほうが重要である。"

と言っています。
　正多面体が5種類しかないことを知識として蓄えたとしても、ほとんど何の役にも立たないでしょう。でもそれを自ら確かめることで、伝聞の中にある真理を発見する瞬間を体験できるのなら、そしてそこから生まれる大きな説得力を感じることができるなら、正多面体について学ぶ意味は大いにあると私は思います。

三平方の定理（中学3年生）

深遠なる「論理の森」の入口

　三平方の定理（ピタゴラスの定理）は本書の中でもすでに何度か登場していますが、これは中学数学の最後に習う単元です。中学数学の1つの到達点であると言ってもいいかもしれません。
　でも（本書の読者の皆さんにはもうおわかりだと思いますが）、結果を覚えてそれを問題にあてはめるだけなら、三平方の定理は到達点にはなりえません。三平方の定理がその存在意義を発揮するのは、この定理の証明が自ら再現できるようになったときです。

　何度も言うようですが、数学を学ぶ理由は公式をあてはめて既知のパターンの問題を解く力を養うことではなく、論理を積み上げて未知の問題を解く力を磨くことです。その論理力の中学数学における到達点であり、いよいよ高校以降に分け入ることになる「論理の森」の入り口として相応しい風格と美しさを持っているのがこの三平方の定理の証明だというわけです。
　「論理の森」で頼ることのできる地図とコンパスは数学です。そこにはまだ人類が発見できていない真理もたくさん眠っています。とは言え未踏の地に足を踏み入れることは数学者たちに任せておけばよいでしょう。私たちは先人たちの遺してくれた足跡をたどりながら、論理の力の偉大さを目の当たりにし、その力を磨くことで、勇気を持ってそれぞれの道を一歩一歩進めるようになればよいのです。

ピタゴラスの定理が生まれたとき

【三平方の定理】（ピタゴラスの定理）

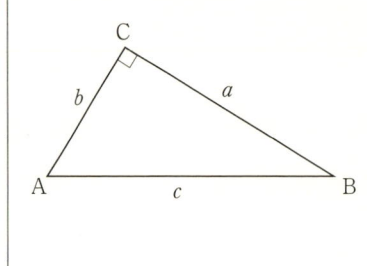

左の図のような直角三角形ABCにおいて、

$$a^2 + b^2 = c^2$$

が成り立つ。すなわち、
斜辺以外の2辺の2乗の和＝斜辺の2乗
が成立する。

ピタゴラスはギリシャのサモス島というところで生まれました。彼がこのサモス島のヘーラー神殿というところを散策していたときのことです。足元には下の図のようなタイルが敷き詰められていました。

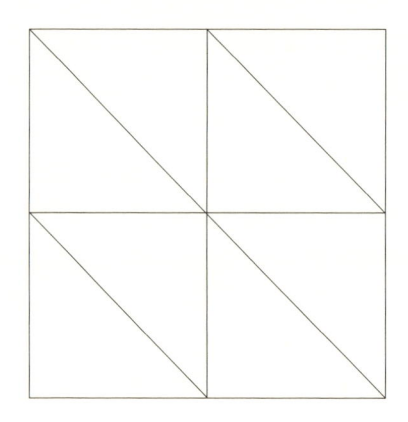

実にシンプルな模様です。でもピタゴラスはこの模様から、

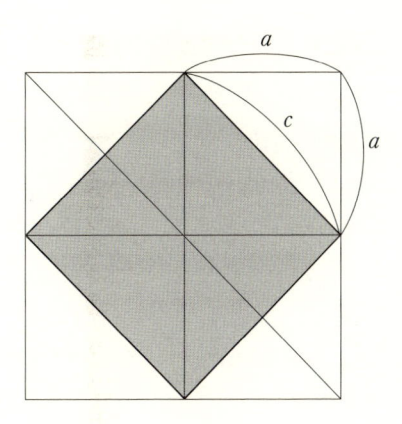

第6章 テクニック・その6 他人を納得させる

と、1辺がaの正方形の面積（a^2）4つ分の半分（つまり2つ分）はグレーの正方形の面積（c^2）に等しいことを発見するのでした。すなわち、

$$2 \times a^2 = c^2$$
$$\Leftrightarrow \quad a^2 + a^2 = c^2$$

です。これは直角二等辺三角形の場合の三平方の定理ですね！

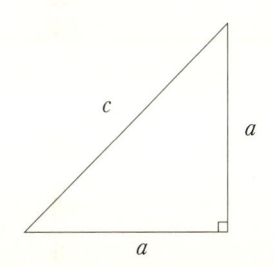

やはりピタゴラスは只者(ただもの)ではありません。

ちなみに、上のタイルを一般の直角三角形に応用した図は

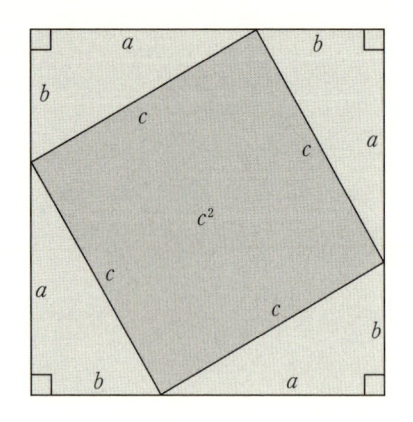

です。ぜひこの図を使って一般の場合の証明をやってみてくださいね。

ポイントは面積に注目することです（詳しくは『大人のための数学勉強法』30頁をご参照ください）。

三平方の定理の証明方法はこれ（ピタゴラス式）だけではありません。実に100通り以上あると言われています。ここではその中から2つご紹介します。1つはユークリッド式、1つはアインシュタイン式と呼ばれるものです。

これらの証明を通して、**真理に至る道筋は1つではない**ことと、違う道筋であっても真理に到達できる論理の「力強さ」を実感してほしいと思います。

証明1（ユークリッド式）

最初に直角三角形ABCのまわりにそれぞれの辺を1辺とする正方形を書きます。次にBD//CGとなるように直線CGを引きます。ここまでが準備です。

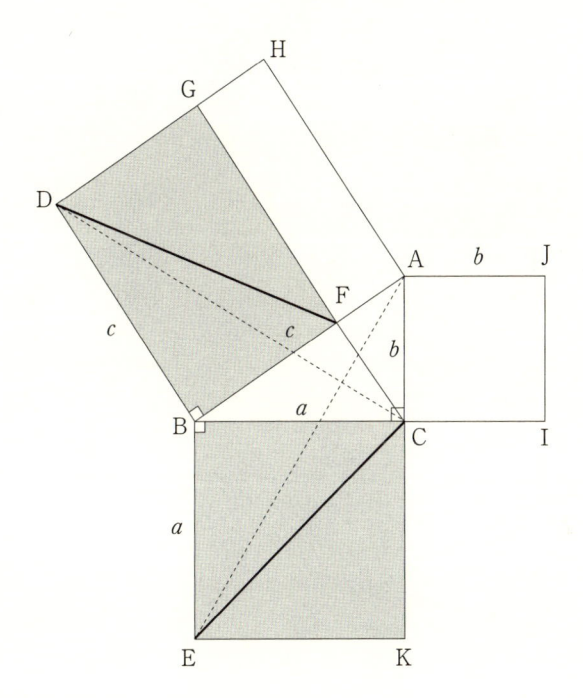

第6章　テクニック・その6　他人を納得させる

△ABEと△DBCにおいて、

$$\angle ABE = \angle ABC + 90°$$
$$\angle DBC = \angle ABC + 90°$$
$$\therefore \ \angle ABE = \angle DBC \quad \cdots\cdots ①$$

また□AHDBと□BEKCは正方形なので、

$$AB = DB \quad \cdots\cdots ②$$
$$BE = BC \quad \cdots\cdots ③$$

①〜③より2辺夾角相等なので、

$$\triangle ABE \equiv \triangle DBC$$

合同な三角形は面積も等しいので、

$$\triangle ABE = \triangle DBC \quad \cdots\cdots ④$$

AK//BE なので、等積変形より、

$$\triangle ABE = \triangle CBE \quad \cdots\cdots ⑤$$

同様に仮定より BD//CG だから、

$$\triangle DBC = \triangle DBF \quad \cdots\cdots ⑥$$

④〜⑥より、

$$\triangle CBE = \triangle DBF$$

両辺を2倍すると（直角三角形×2＝長方形）、

$$\square CBEK = \square GDBF$$

同じようにすれば、

$$\square ACIJ = \square HGFA$$

が示せる。以上より、

$$\square CBEK + \square ACIJ = \square GDBF + \square HGFA$$
$$= \square AHDB$$

よって、

$$a^2 + b^2 = c^2$$

(終)

　ふう。長かったですね。たくさんアルファベットが出てきて目がチカチカしたかもしれません。この証明も面積に注目しているところがポイントです。三角形の合同と等積変形を使っています。

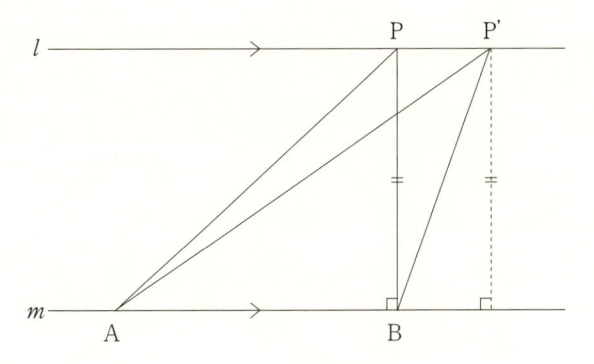

⎡ 【等積変形】
⎢
⎢ l ────────→   P   P'
⎢
⎢
⎢
⎢
⎢ m ──── A ──────→ B
⎢
⎢ 上の図で $l \mathbin{/\mkern-5mu/} m$ ならば、△ABPと△ABP'は底辺が同じで高さも同じになるので、
⎢ 面積が等しくなります。
⎢
⎣   △ABP ＝ △ABP'

証明2（アインシュタイン式）

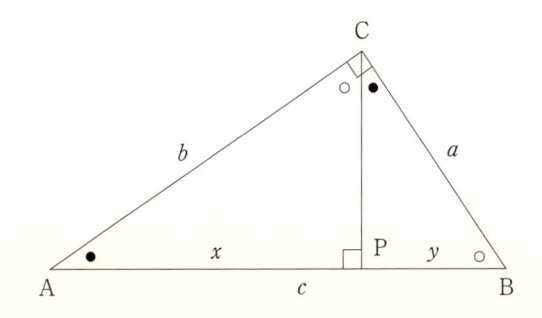

```
              C
           ○ ●
         b     a
              
       ●         ○
      A   x   P   y   B
              c
```

準備としては、Cから垂線CPを引きます。
すると△ABCについて、

$$\angle CAP + \angle CBP = 90° \quad \cdots\cdots ①$$

また△ACPについて、

251

$$\angle \text{CAP} + \angle \text{PCA} = 90°　\cdots\cdots ②$$

①−②より、

$$\angle \text{CBP} - \angle \text{PCA} = 0$$
$$\Leftrightarrow　\angle \text{CBP} = \angle \text{PCA}　\cdots\cdots ③$$

△ABCと△CBPに注目すれば、同様に、

$$\angle \text{CAP} = \angle \text{PCB}　\cdots\cdots ④$$

が示せる。③、④より2角相等なので、

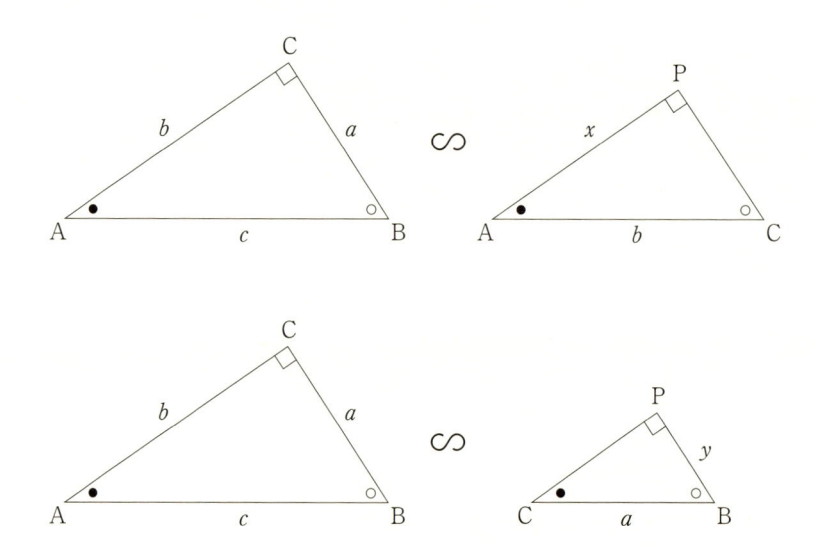

$$△\text{ABC} \backsim △\text{ACP}$$
$$△\text{ABC} \backsim △\text{CBP}$$

対応する辺の比は等しいから、△ABC∽△ACPより、

$$b : c = x : b$$
$$\Leftrightarrow b^2 = cx \quad \cdots\cdots ⑤$$

△ABC∽△CBP より、

$$a : c = y : a$$
$$\Leftrightarrow a^2 = cy \quad \cdots\cdots ⑥$$

⑤+⑥より、

$$a^2 + b^2 = cx + cy$$
$$= c(x + y)$$
$$= c^2$$

【図より $x + y = c$】

(終)

おぉ〜、やはり相似な図形が見つかったときの比例式は強力ですね！

有名な直角三角形

　有名な直角三角形というのは、三角定規になっている2種類の直角三角形です。この2つの直角三角形については辺の長さが美しい比になります。そのことを三平方の定理を使って証明しておきます。

(i) 直角二等辺三角形

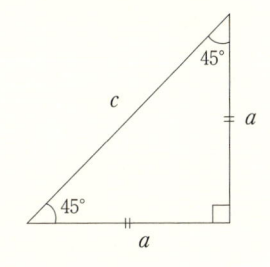

三平方の定理を使うと、

$$a^2 + a^2 = c^2$$
$$\Leftrightarrow c^2 = 2a^2$$

$a>0$、$c>0$ なので、

$$c = \sqrt{2a^2} = \sqrt{2}\, a$$

これより、
$$a : a : c = a : a : \sqrt{2}\,a$$
$$= 1 : 1 : \sqrt{2}$$

よって、直角二等辺三角形の辺の比は、

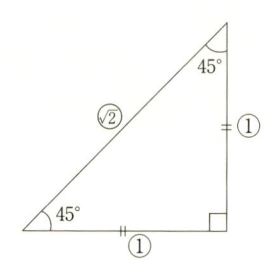

(ⅱ) 30°と60°の直角三角形

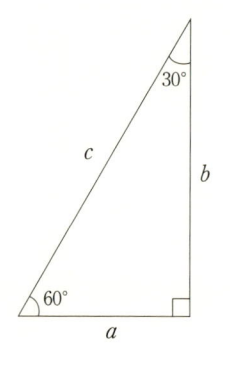

これも三平方の定理を使うと、
$$a^2 + b^2 = c^2 \quad \cdots\cdots ①$$

またこの直角三角形を2つ並べると、

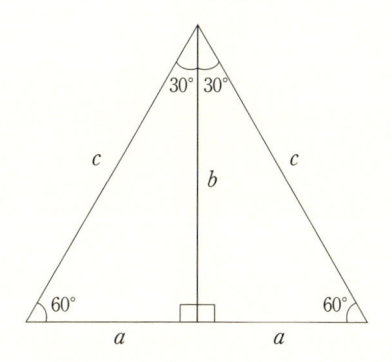

すべての角度が60°になりますからこれは正三角形です。3つの辺の長さは等しいので、

$$c = 2a \quad \cdots\cdots ②$$

②を①に代入すると、

$$a^2 + b^2 = (2a)^2$$
$$= 4a^2$$
$$\Leftrightarrow \quad b^2 = 3a^2$$

$a>0$、$c>0$なので、

$$b = \sqrt{3a^2} = \sqrt{3}\,a \quad \cdots\cdots ③$$

②、③より、

$$a : b : c = a : \sqrt{3}\,a : 2a$$
$$= 1 : \sqrt{3} : 2$$

よって、30°と60°の直角三角形の辺の比は、

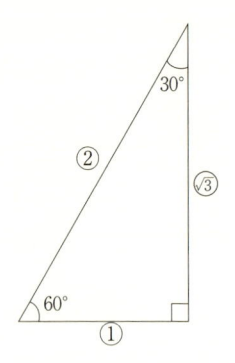

大切なことは、これらの比が三角形の大きさにかかわらず常に一定であるということです。
　この2つの直角三角形は3辺の比が特に綺麗な値になりますが、どんな直角三角形も直角以外のもう1つの角度が同じならば必ず相似になります（2角相等）ので、3辺の間には常に一定の比が成り立ちます。この議論を発展させたのが高校数学で習う三角比です。

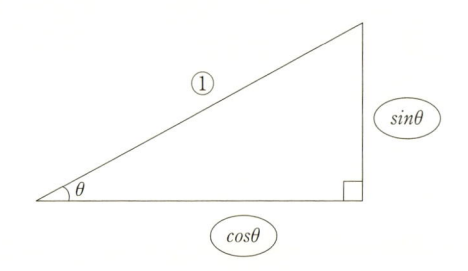

第7章

テクニック・その7
部分から全体を捉える

部分から全体を捉えるには

> **ポイント**
> ・「代表」を選ぶ。
> ・直感を頼りにしない。
> ・偏りなく混ざっているデータを使う。

　今さら言うまでもないことですが、私たちは情報化社会に生きています。その情報の量たるやまさに洪水のごとし。なにかしらの拠り所がなければ自分自身さえ見失って流されてしまうことでしょう。

　私が開講している「大人の数学塾」では「統計を教えてほしい」という声をよく聞きます。マーケティングで売上やアンケート結果のデータを解析したり、投資のための企業の決算資料を読み解く必要があったり、ロト6で過去の当選番号の傾向を調べたい人もいるかもしれません……。とにかく私たちのまわりにはデータとしての数字があふれています。これらの膨大な数字を整理して、データから有意義な情報を抽出するための技術である統計の知識の必要性は年々高まっていると言えます。それが証拠に平成24年度から全面実施された新指導要領においても一度は中学数学から消えた統計的内容が大きく復活しています。

　統計には大きく分けて、**記述統計**と**推測統計**とがあります。
　記述統計というのは大量のデータを集めて、これを集計し見やすく使いやすい形（表やグラフなど）にまとめる方法です。平均を出したり、偏差値を求めたりするのも、大量のデータの性質を抽出するための記述統計の手法です。
　記述統計においては全数調査（すべてのデータを集める）が基本になり

ます。そもそも記述統計は、為政者が国全体の状態を把握するために生まれました。今で言う国勢調査です。実は日本の豊臣秀吉が1582年に始めたいわゆる「太閤検地」は全数調査による記述統計の先駆けだったと言われています。ヨーロッパでその後の社会統計学に繋がる流れが始まったのは17世紀頃です。

　これに対して推測統計は、標本（サンプル）を調べて、全体の特性を確率論的に予想する「推定」と、得られたデータの差が誤差なのかあるいは意味のある違いなのかを検証する「検定」とを2本柱にしている統計です。身近なところでは視聴率や選挙のときの開票速報などは「推定」で、「朝食を食べる子供は学力が高い」などの仮説の信憑性を裏付けるのが「検定」です。

　中学数学では最初に記述統計の基礎を学びます。その後確率を学んでから最後に推測統計の入り口をのぞきます。

　テクニック7の内容は、改めてイメージを付ける必要がないほど、実生活に深く関わっています。その分、他より「技術」としての色合いが強いのも事実です。この章では論理的に考える、というよりは、
「ほ〜データというのはそんな風に扱うのか」
ということを学んでもらいたいと思います。
　また最後には、中学数学を逸脱して統計の初歩を解説します。

資料の整理(中学1年生)

いろいろな言葉が出てきます。まずは意味をおさえてください。

度数分布表

- 階級：データをいくつかの等しい幅に分けた区間

- 階級値：各階級の中央の値

- 度数：それぞれの階級に入るデータの数

- 相対度数：度数の合計に対する各階級の度数の割合

$$相対度数 = \frac{注目している階級の度数}{度数の合計}$$

- 度数分布表：階級と各階級の度数をまとめた表

下はある中学生のクラスの身長データです。いわゆる生データです。

【身長データ（cm）】

142.7	164.7	158.8	146.2	162.9	155.1	157.3	171.8
160.6	167.8	136.4	161.3	148.3	169.1	141.2	157.8
151.3	167.5	142.6	154.0	151.5	163.8	156.9	170.8
145.1	170.3	159.7	167.0	147.3	153.8	163.1	150.9
138.5	164.2	159.3	152.0	171.5	162.2	146.9	152.4
158.4	143.5	156.2	169.6	166.3	154.7	168.4	157.5
161.8	159.9						

これを度数分布表にまとめてみましょう。まずは階級の幅をどれくらいにするかを考えます。特に決まりはありませんが、狭すぎるとまとめるのが大変ですし、広すぎるとデータの傾向がわからなくなります。今回は最低値が136.4で最高値が171.8なので136cmから6cm刻みにしてみます。

【度数分布表】

身長（cm）	階級値（cm）	度数（人）
136以上～142未満	139	3
142　～148	145	7
148　～154	151	7
154　～160	157	13
160　～166	163	9
166　～172	169	11
計		50

ここで148～154の相対度数を求めてみると、

$$148 \sim 154 の相対度数 = \frac{7}{50} = \frac{14}{100} = 14\%$$

ヒストグラムと度数折れ線

・ヒストグラム（柱状グラフ）
　度数分布を柱状のグラフで表したもの

・度数折れ線（度数分布多角形）
　ヒストグラムの、各長方形の上の辺の中点を結んでできる折れ線グラフ。ただし、左右の両端には度数が0の階級があるものとして線を結ぶ決まりになっている。

先ほどの度数分布表をヒストグラムと度数折れ線にしてみましょう。

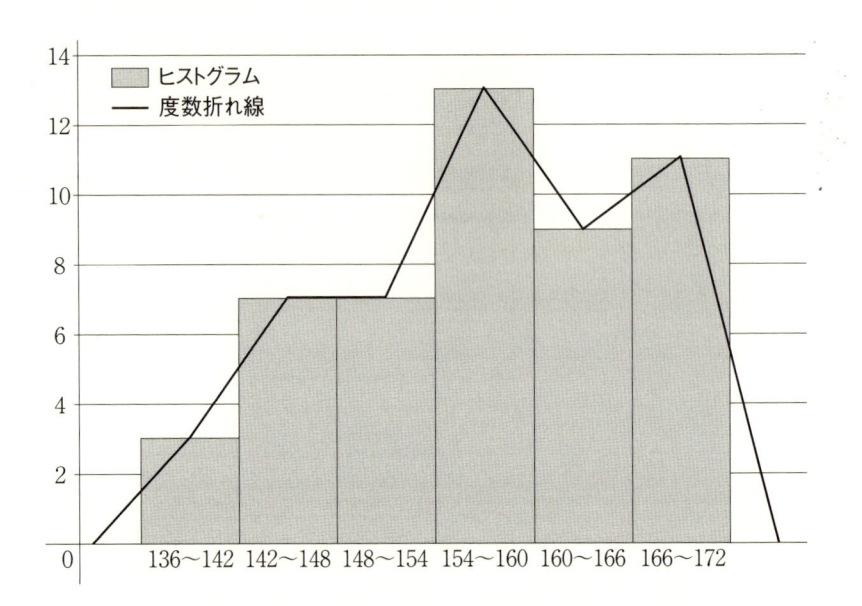

[グラフ：ヒストグラムと度数折れ線。横軸は階級 136~142, 142~148, 148~154, 154~160, 160~166, 166~172、縦軸は度数 0~14。度数は 3, 7, 7, 13, 9, 11。]

> ちなみにこのグラフはエクセルで作りました。作り方は「エクセル ヒストグラム」と検索するとたくさん出てきます(^_-)-☆

代表値

データ全体の特徴を代表していると考えられる値を代表値と言います。代表値にはいろいろな種類があります。

・平均値

データの合計を度数の合計（データの個数）で割ったもの

$$平均値 = \frac{データの合計}{度数の合計}$$

度数分布表から求めるには

$$平均値 = \frac{階級値 \times 度数の合計}{度数の合計}$$

・中央値

データを大きさの順に並べたときに中央にくる値。メジアンとも言う。
度数分布表から作るときは、中央の階級の階級値になる。

・最頻値

度数の最も多いデータの値。モードとも言う。
同数分布表から作るときは、中央にくる値が属している階級の階級値になる。

> 生データから作った代表値と度数分布表から作った代表値は多少違う値になることが多いです。

これも実際にやってみましょう。今度はA君のテスト結果です。

```
A君のテスト結果（数学）
  62   74   80   91   58   72   72   86   69   88
```

まずは大きさの順番に並べてみましょう。

58   62   69   72   72   74   80   86   88   91

度数分布表も作っておきます。今度は最低点が58点で、最高点が91点ですから、55点から10点刻みにしましょう。

点数	階級値	度数
55以上～65未満	60	2
65　　～75	70	4
75　　～85	80	1
85　　～95	90	3
計		10

まずは平均値です。生データのほうは、

$$\text{生データの平均} = \frac{58 + 62 + 69 + 72 + 72 + 74 + 80 + 86 + 88 + 91}{10}$$
$$= \frac{752}{10}$$
$$= 75.2$$

より、75.2点。度数分布表から求めてみると、

$$\text{度数分布表の平均} = \frac{60 \times 2 + 70 \times 4 + 80 \times 1 + 90 \times 3}{10}$$
$$= \frac{750}{10}$$
$$= 75$$

こっちは75点です。

次は中央値。データの数が偶数のときは中央の2つの平均を取ります。今回は5番目と6番目の平均です。

$$\text{生データの中央値} = \frac{72 + 74}{2}$$
$$= \frac{146}{2}$$
$$= 73$$

より、73点。度数分布表から求めると、5番目と6番目のデータはともに階級値70の階級に属しているので、中央値は70点です。

最後に最頻値も求めます。
生データのほうは72点だけ2回あるので、

$$\text{生データの最頻値} = 72$$

より、72点。

度数分布表のほうは、階級値70の度数が一番多いので、

$$度数分布表の最頻値 = 70$$

より、70点。

ちなみにA君のテスト結果をヒストグラムと度数折れ線にすると、

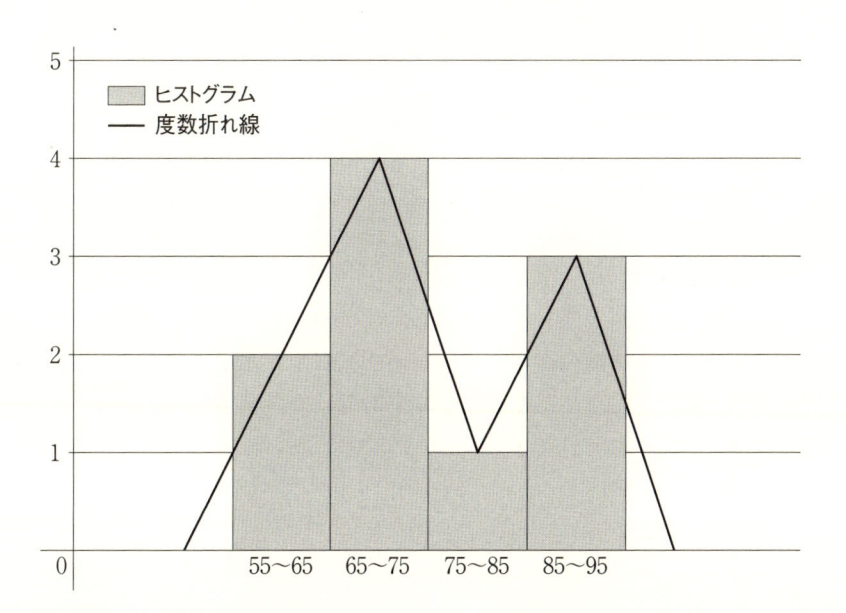

[グラフ: ヒストグラムと度数折れ線。横軸 55～65, 65～75, 75～85, 85～95。縦軸 0～5。]

平均値と中央値は似ているようですが、特に元のデータの散らばりが大きいと、平均値と中央値の差が開きます。そういうデータの場合には平均値だけからはデータの特性を見抜けないことが多いです。中央値も参考にしましょう。

たとえば、日本人の平均年収について。次のグラフは厚生労働省が発表した平成23年の所得金額別世帯数の分布状況（ヒストグラム）です。

所得金額階級別にみた世帯数の相対度数分布

平成23年度調査

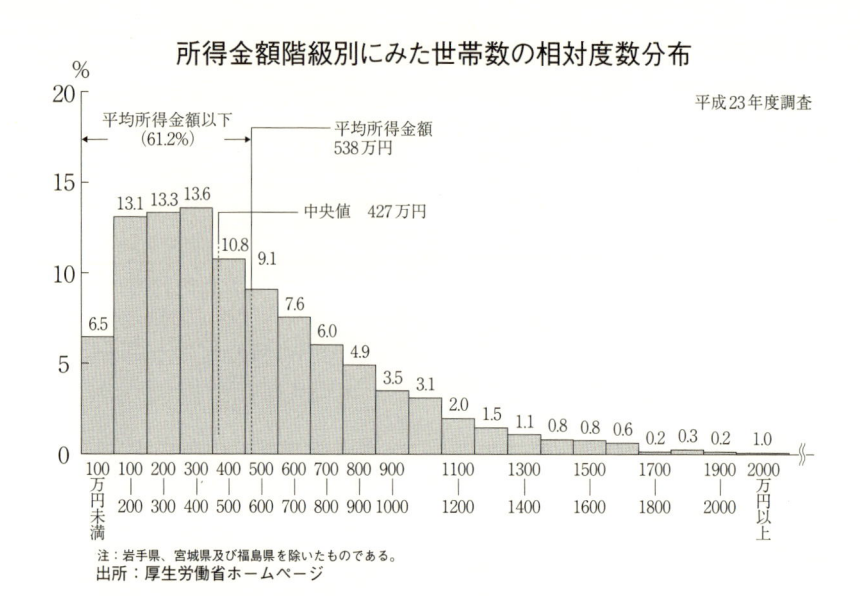

- 平均所得金額以下（61.2%）
- 平均所得金額 538万円
- 中央値 427万円

（度数分布：6.5, 13.1, 13.3, 13.6, 10.8, 9.1, 7.6, 6.0, 4.9, 3.5, 3.1, 2.0, 1.5, 1.1, 0.8, 0.8, 0.6, 0.2, 0.3, 0.2, 1.0）

注：岩手県、宮城県及び福島県を除いたものである。
出所：厚生労働省ホームページ

　平均は538万円になっていますが、ヒストグラムから明らかなように、これは一部の高所得世帯に「引っ張られている」数字です。実際は平均より収入の低い世帯が61.2%もあり、中央値は平均値より111万円（約20%）低い427万円になっています。平均だけから全体を推し測ろうとすると誤解をしてしまう例です。

　中学数学で学ぶ記述統計はここまでです。

よりよい「代表」を求めて……（範囲外）

　しかし、代表値がこれだけだといかにも心もとないです。
　次の表を見てください。

	時刻表からのズレ(分)									
A社	1	2	-1	-2	0	1	1	-2	0	0
B社	5	-3	-2	6	-5	4	-4	-1	3	-3

A社とB社はバス会社で、表の値は時刻表からのズレ（分）を表しています。一見してA社のほうが時刻表に正確です。しかし、この表のデータをそのまま平均すると、

$$A社の平均値 = \frac{1+2-1-2+0+1+1-2+0+0}{10}$$

$$= \frac{0}{10}$$

$$= 0$$

$$B社の平均値 = \frac{5-3-2+6-5+4-4-1+3-3}{10}$$

$$= \frac{0}{10}$$

$$= 0$$

となって、共にズレの平均は0分になってしまいます。

　これでは平均値がデータの性質を表しているとは言えませんね。原因はデータに負の数があるために相殺してしまって、ズレの本質が見えなくなってしまうことにあります。そこで負の数でもズレとして評価できるようにそれぞれのデータを2乗してから、平均を取ってみましょう。
　これがいわゆる「分散」です。

$$A社の分散 = \frac{1^2+2^2+(-1)^2+(-2)^2+0^2+1^2+1^2+(-2)^2+0^2+0^2}{10}$$

$$= \frac{16}{10}$$

$$= 1.6$$

$$B社の分散 = \frac{5^2+(-3)^2+(-2)^2+6^2+(-5)^2+4^2+(-4)^2+(-1)^2+3^2+(-3)^2}{10}$$

$$= \frac{150}{10}$$

$$= 15$$

A社は1.6分、B社は15分となります。これならしっかり差がでます。ただし……特にB社の15分というのはちょっとかわいそうです。表を見るとそこまでズレているわけではありません。

このように分散は「差」の評価はできますが、データを2乗しているため値が大きくなりすぎるところが玉にキズです。より実際の値に近づけるために分散に$\sqrt{}$を取ってみましょう。$\sqrt{分散}$を 「標準偏差」 と言います。

$$A社の標準偏差 = \sqrt{1.6} ≒ 1.264\cdots$$

$$B社の標準偏差 = \sqrt{15} ≒ 3.872\cdots$$

A社が約1.26分で、B社が約3.87分ですから、標準偏差なら、それぞれの運行の正確さを「代表」していると言えそうです。

偏差値とは何か(範囲外)

上の例では、時刻表からのズレに対して分散や標準偏差を取りましたが、普通、分散や標準偏差は全データの平均からのズレを評価するのに使います。すなわち、

$$分散 = \frac{(データの値 - 平均)^2 の合計}{データの個数}$$

$$標準偏差 = \sqrt{分散}$$

$$= \sqrt{\frac{(データの値 - 平均)^2 の合計}{データの個数}}$$

と計算します。

標準偏差はデータが平均からどれほどズレているかを評価するのに優れた方法です。つまり、**標準偏差はデータの散らばり具合を表しています。**

たとえば、あるクラスのテスト結果に対して標準偏差を計算すれば、クラスみんなの得点の散らばり具合がわかります。標準偏差が小さいということは、みんなの得点が平均のまわりに集中していることを示しています。そんな中であなたの点数がどれだけ「特殊」であるかを測る指標がお馴染みの**「偏差値」**です。

偏差値は平均点に対して50を与え、そこから標準偏差1個分ずれる毎に±10します。計算式で書けば、

$$偏差値 = 50 + \frac{(あなたの点数 - 平均点)}{標準偏差} \times 10$$

です。また、一般的なデータセットの場合（正規分布と言います）、全データの約7割は標準偏差1個分のズレの中に入ることがわかっています。

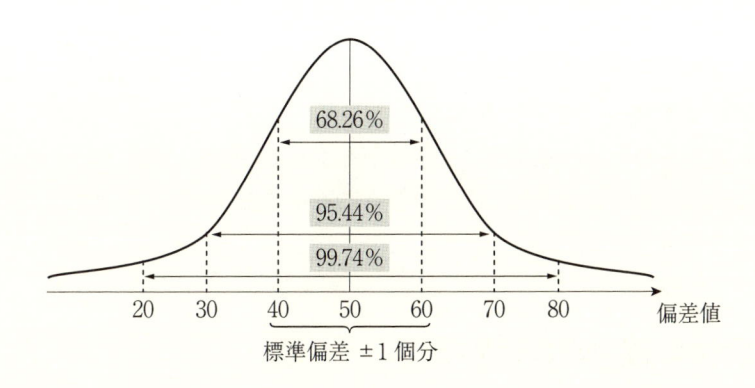

詳しくは後の勉強の楽しみに取っておきましょう(^_-)-☆

確率（中学2年生）

人間の直感はアテにならない

　人間の直感というのはあてにならないものです。特に確率に関することでは数学的な真理と私たちの感覚が違っていることが多いです。例を挙げてみると、
（ⅰ）40人程度が集まった小規模のパーティーで誕生日が同じ2人が出会うのは特別な縁だと思う。
（ⅱ）宝くじで、「123456」や「111111」などの規則正しい数字は当たらないような気がする。
（ⅲ）くじは後から引いたほうが当たる気がする。
（ⅳ）99％確かな検査で、1万人に1人の不治の病と診断された。遺書を書くしかない……。

　どうでしょうか？　どれも、「確かに」と思えるかもしれませんね。でも確率を使うとこれらがすべて勘違いであることがわかります（あとで解説しますね）。
　私たちの生活のまわりには確率があふれています。確率がわかるようになれば、ぬか喜びをしたり、むやみに不安になったりしなくて済むようになるかもしれません。

同様に確からしいか？

　確率の基礎は次の式に集約されます。

第7章 テクニック・その7 部分から全体を捉える

> **確率**
>
> $$確率 = \frac{部分の場合の数}{全体の場合の数}$$

ただし！　ここで最大限の注意を払わなければいけないことがあります。それは、場合の数を数え上げるときに、**すべての選択肢が「同様に確からしい」かどうかに注意すること**です。

「同様に確からしい」というのは、同じ確率で起きるという意味です。以下に間違った解答を示します。どこがおかしいか考えてくださいね。

> **問題**
>
> 2つのサイコロを振ったとき、出た目の和が6になる確率を求めなさい。

【誤答例】

典型的な誤答例はこうです。

組み合わせで考える。全体の場合の数は、

$(1,1)$、$(1,2)$、$(1,3)$、$(1,4)$、$(1,5)$、$(1,6)$
$(2,2)$、$(2,3)$、$(2,4)$、$(2,5)$、$(2,6)$
$(3,3)$、$(3,4)$、$(3,5)$、$(3,6)$
$(4,4)$、$(4,5)$、$(4,6)$
$(5,5)$、$(5,6)$
$(6,6)$

で計21通り。この中で和が6になるのは、

$(1,5)$、$(2,4)$、$(3,3)$

の3通りだから、求める確率は、

$$\frac{部分の場合の数}{全体の場合の数} = \frac{3}{21} = \frac{1}{7}$$

さあ、この解答の間違いがわかりますか？

中国で生まれたサイコロゲームに「タイサイ（大小）」と呼ばれるゲームがあります（話が飛びましたね……）。3個のサイコロを使う簡単なギャンブルですが、出目を当てる掛け方の場合、ゾロ目を含んでいるときのほうが含んでないときに比べて高配当になります。なぜなら、「ゾロ目」のほうが起きる確率が低いからです。上の問題でもゾロ目とそれ以外は一緒にできません。

問題に戻ります。今度は正答例です。

【解答】
サイコロの目を先ほどのような組み合わせではなく順列（並びも考慮する場合の数）で考えると

(1,1)、(1,2)、(1,3)、(1,4)、(1,5)、(1,6)
(2,1)、(2,2)、(2,3)、(2,4)、(2,5)、(2,6)
(3,1)、(3,2)、(3,3)、(3,4)、(3,5)、(3,6)
(4,1)、(4,2)、(4,3)、(4,4)、(4,5)、(4,6)
(5,1)、(5,2)、(5,3)、(5,4)、(5,5)、(5,6)
(6,1)、(6,2)、(6,3)、(6,4)、(6,5)、(6,6)

と全体は36通りになります。

この中で和が6になるのは
(1,5)、(5,1)、(2,4)、(4,2)、(3,3) の5通りあります。

そうです！「1と5」の組み合わせや「2と4」の組み合わせは2つずつありますが、「3と3」の組み合わせは1つしかありません。

すなわち、ゾロ目でない目のほうが「出やすい目」なので、ゾロ目でない組み合わせとゾロ目の組み合わせは「同様に確からしくない」のです。

ということで正解は、

$$\frac{部分の場合の数}{全体の場合の数} = \frac{5}{36}$$

です。

「同様に確からしい」という前提がいかに大事かは次の例でも明らかかもしれません。

あるときあなたが急いでいて、駆け込み乗車をしてしまったとします。事前に時刻表を確かめる余裕はなかったので、飛び乗った電車が、急行か普通かがわかりません（簡単にするためこの2種類しかないことにしましょう）。このとき、あなたは、

「急行か普通かの2種類だから、急行である確率は$\frac{1}{2}$ね」

と考えるでしょうか？　考えないですよね。これでは、

「天気は晴れか雨か雪かのどれかだから明日雨が降る確率は$\frac{1}{3}$だ」

と言うようなものです。もちろんこれらは非論理的です。なぜなら急行が来る確率と普通がくる確率は同じではないからです。同じように晴れか雪か雨かの確率も「同様に確からしく」はありません。

飛び乗ってしまった電車が急行である確率を正確に計算するためには、その時間帯に急行と普通がどのくらいの比率で運行しているを知っている必要があります。もし「普通　普通　急行」というパターンを繰り返すのなら、あなたが乗った電車が急行である確率は$\frac{1}{3}$です。

確率についての一番大事なことがわかったところで、冒頭の「勘違い」について明らかにしていきましょう。

勘違いその1

> （ⅰ）40人程度が集まった小規模のパーティーで誕生日が同じ2人が出会うのは特別な縁だと思う。

パーティー等で同じ誕生日どうしの人がいたときに、2人に特別な縁を感じてしまうのは、「誕生日のパラドックス」と呼ばれています。

実はこれは全然珍しいことではありません。計算してみましょう。

まず、全員が違う誕生日である確率を出します。それを1から引いた数

がパーティーで同じ誕生日の人が居合わせる確率です。

　1人目の誕生日は365日のうちどの日でもよいので365通り考えられます（閏日の2月29日生まれは考えないことにします）。次に2人目の誕生日は1人目と重なってはいけないので364通りです。3人目は1人目とも2人目とも重なってはいけないので363通り……となります。これを40人目まで続けていくと40人目の誕生日は326通りのどれかだということになります。すなわち40人のパーティーで全員の誕生日が違う確率を計算するには

$$\frac{365}{365} \times \frac{364}{365} \times \frac{363}{365} \times \cdots\cdots \times \frac{326}{365}$$

を計算すればよいことになります。実はこの計算結果は約10.9%にしかなりません！　つまり、40人が集まるパーティーで同じ誕生日の人が居合わせる可能性は、

$$1 - 0.109 = 89.1\%$$

にもなります。ちなみに集まる人数が23人を超えると誕生日が同じ2人が居合わせる確率は50%を超えます。

　1年は365日なので365の半分を超える183人が集まらないと、同じ誕生日の2人がいる確率も50%を超えないのだろうと想像してしまう人が多いようです。

> ちなみに40人の中に<u>自分と</u>同じ誕生日の人がいる確率は約10.1%です。

勘違いその2

> （ii）宝くじで、「123456」や「111111」などの規則正しい数字は当たらないような気がする。

規則的な番号の宝くじが当たらないような気がしたり、マーク式のテストで自分が選んだ選択肢に偏りがあると不安になったりするのは、多分に心理的なことであるとはわかっているものの、なかなか拭い去れない心情ですね。でも、仮に1億枚発行される宝くじに10本の1等があるとすると、「01組111111」の宝くじも「23組265491」の宝くじも、1等が当たる確率はどちらも「同様に確からしく」、1000万分の1です。

勘違いその3

> （ⅲ）くじは後から引いたほうが当たる気がする

「くじびきは最初に引いた人が外せば、後の人のほうが当たる確率が高くなるから、後から引いたほうが得だ」という勘違いはよくあるようですが、くじびきは当たる確率に引く順番は関係ありません。

ためしにAさんとBさんが10枚中3枚の当たりくじが入ったくじびきをするとします。Aさんが当たる確率はもちろん、

$$\frac{3}{10}$$

です。では、Bさんの当たる確率も求めてみましょう。

Bさんが当たるのは「Aさんが当たってBさんも当たる」ケースと「Aさんが外れてBさんが当たる」ケースのどちらかですね。
「Aさんが当たってBさんも当たる」場合は、

$$\frac{3}{10} \times \frac{2}{9} = \frac{1}{15}$$

です。「Aさんが外れてBさんが当たる」場合は、

$$\frac{7}{10} \times \frac{3}{9} = \frac{7}{30}$$

よって、Bさんが当たる確率は、

$$\frac{1}{15} + \frac{7}{30} = \frac{9}{30} = \frac{3}{10}$$

> 場合の数や確率は、それぞれのケースが同時に起きるときには掛け算（積の法則）、同時に起きないときには足し算（和の法則）になります。「積の法則」や「和の法則」は高校数学で学びます。

ね？　同じになったでしょう。(^_-)-☆

勘違いその4

> （iv）99％確かな検査で、1万人に1人の不治の病と診断された。遺書を書くしかない……。

99％確実な検査で1万人に1人の不治の病と聞かされれば絶望する気持ちはよくわかりますが、計算をしてみるとまだ希望を捨てる段階ではないことがわかります。

仮に全国で100万人がこの検査を受けているとします。1万人に1人なので100万人中では100人がこの病に冒されています。逆に言えば99万9900人は健康です。検査の正確さは99％なので、病にかかっている100人のうち99人は正確に診断されます。一方1％は間違って診断されるので、健康な99万9900人のうち9999人が不治の病と診断されるはずです。つまりこの検査で陽性の人のうち、実際に不治の病に冒されている人は、

$$\frac{99}{99 + 9999} = 0.00980\cdots\cdots \fallingdotseq 0.01$$

しかいません。わずか約1％です。再検査の結果が出るまでは心配し過ぎないほうがよいでしょう。

> 実はここで使ったのは「ベイズの定理」あるいは「原因の確率」と呼ばれる考え方で、これも高校数学で学びます。

第7章 テクニック・その7 部分から全体を捉える

標本調査（中学3年生）

味噌汁の味見が一匙ですむ理由

　さあ、いよいよ推測統計です！　推測統計のイメージは、味噌汁の味見です。誰でも味見をするときは全体をさっとかき混ぜてからスプーン等でちょっと一匙すくうと思いますが、それはスプーンですくったあたりの味と鍋全体の味に大きな差はないことが前提になっています。全体が偏りなくまざっているからこそ、意味のある方法です。

　統計ではデータ全体が「偏りなくまざっている」分布のことを正規分布（範囲外）と言います。

全数調査と標本調査

　最初に言葉の整理をしておきます。

・全数調査
　　ある集団について何かを調べるとき、その集団の全部を調べる方法
　　（例）国勢調査、健康診断

・標本調査
　　集団の一部を調査して全体を推定する方法
　　（例）世論調査、視聴率、電化製品の耐久検査
　　　・母集団：標本調査において、調査の対象となる集団全体
　　　・標本：標本調査において、母集団の一部分を取り出したもの
　　　・標本の大きさ：標本の個数

277

実はこれで中学数学は終わりです(^_^;)。これではなぜ標本調査をすることで全体についての推測が成り立つかがわかりませんね。「大人」の皆さんには、この先を少しお話したいと思います。

ただし中学数学の範囲ではありませんので、興味のない方は読み飛ばしてもらって構いません。

正規分布（範囲外）

標本（サンプル）から母集団のことがわかるのは、正規分布という一般的な分布についていろいろなことがわかっているからです。正規分布は生物の身長や、工場で不良品が出る頻度などのデータのヒストグラムに現れる綺麗な山型の分布のことです。

そもそもは、コインを投げて表が出る回数を調べると、投げる回数が多ければ多いほど、ヒストグラムが決まった形になることを発見したのが始まりでした。不確実な現象について大量にデータを取ると、ヒストグラムが「綺麗な山形」になることは20世紀のはじめにコルモゴロフという数学者によって証明されています（中心極限定理）。他にも、受験者が多いテストの結果なども正規分布になると考えられています。

これまで見てきたヒストグラムは棒グラフでしたが、階級の幅をごく小さいものにすれば、なめらかな曲線になり、そのとき正規分布は、

$$f(x) = \frac{1}{\sqrt{2\pi\sigma^2}} e^{-\frac{(x-\mu)^2}{2\sigma^2}}$$

というとんでもなく複雑な式で表されます。

[x はデータの値、σ（シグマ）は標準偏差、μ（ミュー）は平均値、e は自然対数の底（2.71828…という定数）を表しています。]

ただ、平均（μ）が0で標準偏差（σ）が1の場合は、

$$f(x) = \frac{1}{\sqrt{2\pi}} e^{-\frac{x^2}{2}}$$

といういくらかはましな式（？）になって、そのグラフは下のような大変美しいものになります。このような分布のことを標準正規分布と言います。

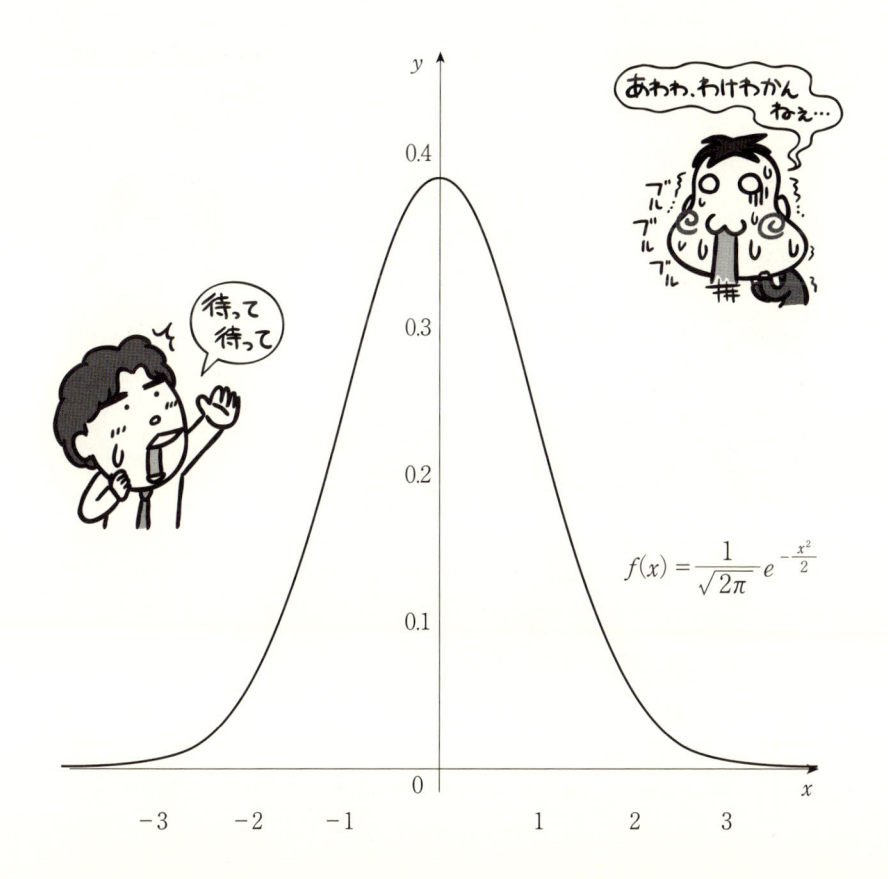

$$f(x) = \frac{1}{\sqrt{2\pi}} e^{-\frac{x^2}{2}}$$

あ、いま読むのをやめようと思ったあなた！　安心してください。統計は多くの人が利用できるように難しい計算はすべて専門家がやってくれてあります。あなたが上の関数の計算ができるようになる必要はありません(^_-)-☆（数Ⅲまで勉強が進めばこの関数も扱えるようになります）。

標準正規分布についてはこんなことがわかっています。

標準正規分布の特徴
　　$-1.96 \leqq x \leqq 1.96$ に全データの95％が含まれる

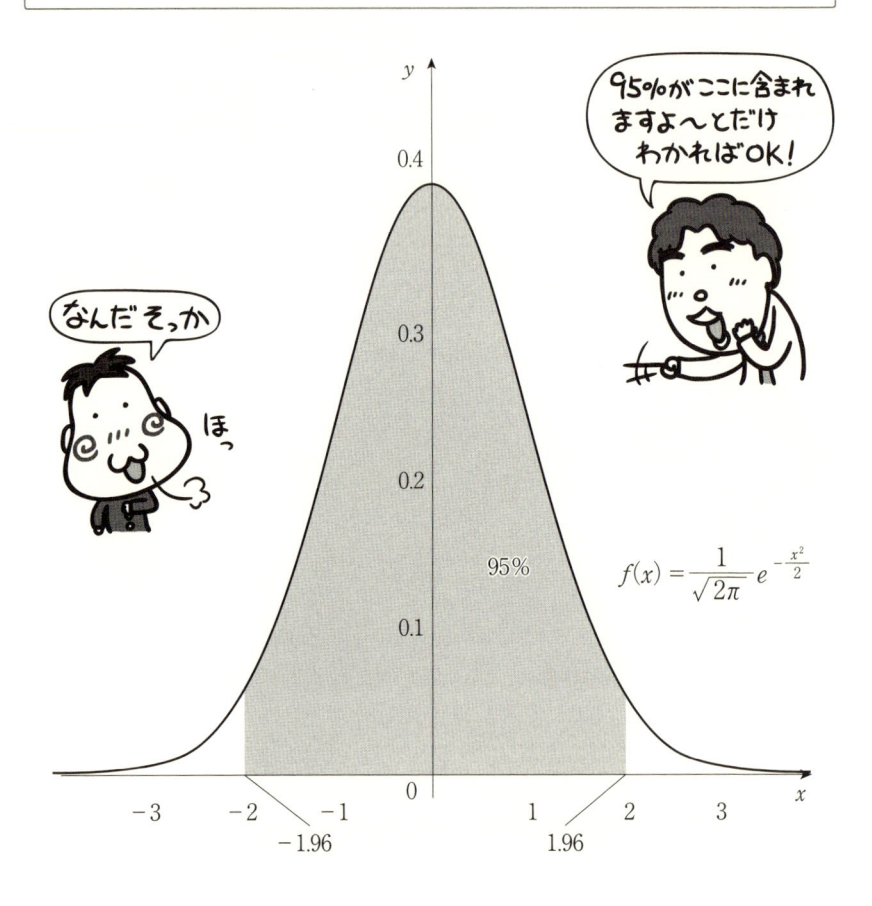

95%がここに含まれますよ〜とだけわかればOK！

なんだそっか

ほっ

95%

$$f(x) = \frac{1}{\sqrt{2\pi}} e^{-\frac{x^2}{2}}$$

元々はヒストグラムであるはずの正規分布のグラフの面積を確率と考えることができるのは、それぞれのデータが「同様に確からしい」からです。標準正規分布や他の確率密度関数（ヒストグラムにおける階級の幅を極限まで狭めた曲線の式）では、

　　　　　　　　　面積＝割合＝確率

という関係が成立します。

　これ！　これがわかっているから私たちはさまざまな事例について標本

第7章 テクニック・その7 部分から全体を捉える

から予測を立てることができるのです。ここで、
「でも、データが正規分布をするとしても標準正規分布になるとは限らないでしょう？」
という質問が出たとしたら、相当鋭いです！ そうなんです。一般の正規分布は標準正規分布ではありません。しかし、簡単な計算によって一般の正規分布は標準正規分布（平均が0で標準偏差が1である正規分布）に直すことができます。

ちょっとやってみましょう。
ここにXというデータ・セットがあるとします。

> この後2ページくらいは数式のオンパレードになりますが、辛抱してくださいね m(_ _)m でも、もしこの2ページの数式がきちんと読めればあなたの計算力は高校レベルです＼(^o^)／

$X = \{10、20、30、40、50\}$ としましょう。
Xの平均μを計算すると、

$$\mu = \frac{10 + 20 + 30 + 40 + 50}{5} = \frac{150}{5} = 30$$

このμをXの各データから引いて、Yというデータ・セットを作ってみると、

$Y = X - \mu = \{-20、-10、0、10、20\}$

になります。Yの平均μ'は

$$\mu' = \frac{-20 - 10 + 0 + 10 + 20}{5} = 0$$

になりますね。

==一般にあるデータXからその平均を引いたデータYを作ると、データYの平均は0になります。==

$$\left[\begin{array}{l}
\text{数式で証明しておきます。}\\
\text{データX：}\{x_1、x_2、x_3、\cdots\cdots、x_n\}\text{ の個数をn個、平均を}\mu\text{とすると、}\\
\qquad\mu = \dfrac{x_1+x_2+x_3+\cdots x_n}{n} \quad\cdots\cdots① \\
\text{データY：}\{x_1-\mu、x_2-\mu、x_3-\mu、\cdots\cdots、x_n-\mu\}\text{ の平均を}\mu'\text{とすると（個数}\\
\text{はデータXと同じくn個)、}\\
\qquad\mu' = \dfrac{(x_1-\mu)+(x_2-\mu)+(x_3-\mu)+\cdots(x_n-\mu)}{n}\\
\qquad\ \ = \dfrac{x_1+x_2+x_3+\cdots x_n - n\mu}{n} \quad\text{①より}\\
\qquad\ \ = \dfrac{x_1+x_2+x_3+\cdots x_n - (x_1+x_2+x_3+\cdots x_n)}{n} \quad n\mu = x_1+x_2+x_3+\cdots x_n\\
\qquad\ \ = 0
\end{array}\right.$$

次にデータXの標準偏差σを計算してみると、

$$\sigma = \sqrt{\dfrac{(10-30)^2+(20-30)^2+(30-30)^2+(40-30)^2+(50-30)^2}{5}}$$

$$= \sqrt{\dfrac{400+100+0+100+400}{5}} = \sqrt{\dfrac{1000}{5}} = \sqrt{200} = 10\sqrt{2}$$

となります。今度はこのσでYを割ったZというデータ・セットを作ってみます。

$$Z = \dfrac{Y}{\sigma} = \dfrac{X-\mu}{\sigma}$$

$$= \left\{\dfrac{-20}{10\sqrt{2}}、\dfrac{-10}{10\sqrt{2}}、\dfrac{0}{10\sqrt{2}}、\dfrac{10}{10\sqrt{2}}、\dfrac{20}{10\sqrt{2}}\right\} = \left\{\dfrac{-2}{\sqrt{2}}、\dfrac{-1}{\sqrt{2}}、0、\dfrac{1}{\sqrt{2}}、\dfrac{2}{\sqrt{2}}\right\}$$

Yの平均が0なので、Zの平均も0であることに注意してZの標準偏差σ'を求めると、

$$\sigma' = \sqrt{\frac{\left(\frac{-2}{\sqrt{2}}\right)^2 + \left(\frac{1}{\sqrt{2}}\right)^2 + (0)^2 + \left(\frac{1}{\sqrt{2}}\right)^2 + \left(\frac{2}{\sqrt{2}}\right)^2}{5}} = \sqrt{\frac{2 + \frac{1}{2} + 0 + \frac{1}{2} + 2}{5}} = \sqrt{\frac{5}{5}} = 1$$

おお、標準偏差が1になりました！ すなわち、Zは平均が0で標準偏差が1のデータ・セットです!! 一般に次のことが言えます。

Xというデータ・セットの平均がμで標準偏差がσのとき、

$$Z = \frac{X - \mu}{\sigma} \left(\frac{\text{データ} - \text{平均}}{\text{標準偏差}}\right)$$

というデータ・セットZを作ると、
Zは平均が0で標準偏差が1のデータ・セットになる！

これも証明しておきますね。

$$\sigma' = \sqrt{\frac{\left(\frac{x_1 - \mu}{\sigma}\right)^2 + \left(\frac{x_2 - \mu}{\sigma}\right)^2 + \left(\frac{x_3 - \mu}{\sigma}\right)^2 + \cdots + \left(\frac{x_n - \mu}{\sigma}\right)^2}{n}}$$

$$= \sqrt{\frac{(x_1 - \mu)^2 + (x_2 - \mu)^2 + (x_3 - \mu)^2 + \cdots (x_n - \mu)^2}{\sigma^2 n}}$$

$$= \sqrt{\frac{1}{\sigma^2} \times \frac{(x_1 - \mu)^2 + (x_2 - \mu)^2 + (x_3 - \mu)^2 + \cdots (x_n - \mu)^2}{n}}$$

$$= \sqrt{\frac{1}{\sigma^2} \times \sigma^2}$$

$$= 1$$

> σの定義式より
>
> $$\sigma = \sqrt{\frac{(x_1 - \mu)^2 + (x_2 - \mu)^2 + (x_3 - \mu)^2 + \cdots (x_n - \mu)^2}{n}}$$
>
> だから、
>
> $$\sigma^2 = \frac{(x_1 - \mu)^2 + (x_2 - \mu)^2 + (x_3 - \mu)^2 + \cdots (x_n - \mu)^2}{n}$$

これで何が嬉しいかというと、正規分布するデータはいつでも標準正規分布に変形することができるので、さまざまなデータ・セットに標準正規分布の性質が使える、というところです。

推定の基礎（範囲外）

たとえば、こんな問題がありえます。

> **問題**
> A君の家にある体重計は精度が悪いです。この体重計で計られたデータは標準偏差2kgの正規分布になることがわかっています。今日A君がその体重計に乗ってみたところ、65kgでした。A君の実際の体重を95％信頼できる精度で推定せよ。

【解説】
このような場合は、実際の体重（正しい値）のまわりに正規分布すると考えます。つまり母集団（データ全体）の平均 μ を推定するのが目標です。
まず、データを標準正規分布するデータに変形しましょう。

$$Z = \frac{(X-\mu)}{\sigma} = \frac{65-\mu}{2}$$

ですね。
標準正規分布の性質から Z は95％の確率で -1.96 から 1.96 の間の値を取ります。

$$-1.96 \leq Z \leq 1.96$$

これを μ について解いていくと、

$$\Leftrightarrow \quad -1.96 \leq \frac{65-\mu}{2} \leq 1.96$$

$$\Leftrightarrow \quad -3.92 \leq 65-\mu \leq 3.92$$

$$\Leftrightarrow \quad -3.92-65 \leq -\mu \leq 3.92-65$$

$$\Leftrightarrow \quad -68.92 \leq -\mu \leq -61.08$$

$$\Leftrightarrow \quad 61.08 \leq \mu \leq 68.92$$

ということで、A君の実際の体重は95％の確率で61.08kg以上、68.92以下であることがわかります。

　この問題のようにあらかじめ標準偏差がわかっている、というのはいささか不自然な状況かもしれません（でも理科で使う測定器具等には明記してあります）。
　実際は、目の前のデータについて標準偏差がわからない、あるいは正規分布であるかどうかもわからない状況のほうが普通ですね。もちろんそんな場合も統計は無力ではありません。この先の勉強を進めていけばしっかりと推定ができるようになります。

　また、正規分布をする母集団から抽出した標本の平均が、95％信頼区間にないことがわかれば、それは誤差ではなく、何かしらの意味を持っている可能性があります。これが「検定」です。これについてもこの先の勉強で詳しく学ぶことができます。

　「統計」に対しては難しいイメージを持っている人が多いかもしれませんが、実は計算が大変なところは先人たちがほとんどやってくれてあって、私たちはその結果を利用することができるので、中学程度の数学の力でも、結構本格的なところまで学ぶことができます。興味のある方は、最近はわかりやすい本がたくさん出ていますのでぜひ読んでみてください。

これで「7つのテクニック」の紹介を終わりたいと思います。お疲れ様でした！
　最後に難関高校の入試問題を総合問題として用意しました。本書で紹介したイメージを連想させるような設問です。どうぞ気楽な気持ちでお付き合いくださいm(_ _)m

終章

総合問題
7つのテクニックはどう使うのか？

この章では「7つのテクニック」に関連する高校の入試問題を解説します。せっかくなら、ということで灘高、ラ・サール、筑波大附属など最高ランクの問題を集めてみました(^_-)-☆

　ですから決して簡単ではありません。でも、本書の「7つのテクニック」でご紹介した「イメージ」を基に発想していけば、歯が立たない、ということはないと思います。

　私が問題を解くにあたってどのように発想しているかは《私の頭の中》にまとめました。中には前著で取り上げた「どんな問題も解ける10のアプローチ」に通じる発想もあります。通常の問題集では解答者の頭の中は解答からは見えづらいものです。しかしパターンを暗記してあてはめているわけではないことをわかってもらうためには、この部分が一番大切だと思いますので、解説はやや冗長になってしまうのですが、あえて書かせてもらっています。

　どうぞ私と一緒に問題を楽しみながら、チャレンジしてみてくださいね！

[テクニック・その1]
概念で理解する

総合問題①

200の正の約数1、2、4、……100、200について考える。次の問いに答えなさい。

(1) 約数すべての和を
$$S = 1 + 2 + 4 + \cdots + 100 + 200$$
とおく。Sを素因数分解しなさい。

(2) 約数すべての2乗の和を
$$T = 1^2 + 2^2 + 4^2 + \cdots + 100^2 + 200^2$$
とおく。Tを素因数分解しなさい。

(3) 約数すべての逆数の和を
$$U = \frac{1}{1} + \frac{1}{2} + \frac{1}{4} + \cdots + \frac{1}{100} + \frac{1}{200}$$
とおく。Uを求めなさい。

(4) 約数すべての逆数の2乗の和を
$$V = \left(\frac{1}{1}\right)^2 + \left(\frac{1}{2}\right)^2 + \left(\frac{1}{4}\right)^2 + \cdots + \left(\frac{1}{100}\right)^2 + \left(\frac{1}{200}\right)^2$$
とおく。Vを求めなさい。

［ラ・サール高校］

私の頭の中	200の約数が主役だな。

↓

約数は、その数の部品の一部または全部を使ってできる数だから…

↓

部品を知るには素因数分解してみればいい！

ということでまずは200を素因数分解し、その部品でできる約数たちを表にしてみましょう。

$$200 = 2^3 \times 5^2$$

ですから、約数の表を作ると、

	1	2	2^2	2^3
1	1	2	4	8
5	5	10	20	40
5^2	25	50	100	200

となります。

Sはこれをすべて足しあわせたものです。

表の1行目を足し合わせたものを「部品」で表すと、

$$1 + 2 + 4 + 8 = 1 + 2 + 2^2 + 2^3$$

2行目は、

$$5 + 10 + 20 + 40 = 5 \times (1 + 2 + 4 + 8) = 5 \times (1 + 2 + 2^2 + 2^3)$$

3行目は、

$$25 + 50 + 100 + 200 = 5^2 \times (1 + 2 + 4 + 8) = 5^2 \times (1 + 2 + 2^2 + 2^3)$$

ですね。

$$S = 1行目 + 2行目 + 3行目$$

より、

$$S = (1 + 2 + 2^2 + 2^3) + \{5 \times (1 + 2 + 2^2 + 2^3)\} + \{5^2 \times (1 + 2 + 2^2 + 2^3)\}$$

さて、これを素因数分解するのが（1）の目標です。$(1 + 2 + 2^2 + 2^3)$ はすべての項に共通しているのでこれをくくりだして、

$$S = (1 + 2 + 2^2 + 2^3)(1 + 5 + 5^2)$$

大分それらしい形になってきました。あとは（　）の中を計算して、

$$\begin{aligned} S &= (15) \times (31) \\ &= (3 \times 5) \times (31) \\ &= \underline{3 \times 5 \times 31} \end{aligned}$$

(2)

これは（1）とほとんど同じように考えればできます。

Tは先ほどの表の値をそれぞれ2乗したものの和だから、

	1^2	2^2	2^4	2^6
1^2	1^2	2^2	4^2	8^2
5^2	5^2	10^2	20^2	40^2
5^4	25^2	50^2	100^2	200^2

を足しあわせていけばよいですね。

1行目は、

$$1^2 + 2^2 + 4^2 + 8^2 = 1^2 + 2^2 + 2^4 + 2^6$$

2行目は、

$5^2 + 10^2 + 20^2 + 40^2 = 5^2 \times (1^2 + 2^2 + 4^2 + 8^2) = 5^2 \times (1^2 + 2^2 + 2^4 + 2^6)$

3行目は、

$25^2 + 50^2 + 100^2 + 200^2 = 5^4 \times (1^2 + 2^2 + 4^2 + 8^2) = 5^4 \times (1^2 + 2^2 + 2^4 + 2^6)$

$$T = 1行目 + 2行目 + 3行目$$

より、

$T = (1^2 + 2^2 + 2^4 + 2^6) + \{5^2 \times (1^2 + 2^2 + 2^4 + 2^6)\} + \{5^4 \times (1^2 + 2^2 + 2^4 + 2^6)\}$

(1)と同じように共通因数の $(1^2 + 2^2 + 2^4 + 2^6)$ でくくって、

$$T = (1^2 + 2^2 + 2^4 + 2^6)(1 + 5^2 + 5^4)$$

( )の中を計算して、

$$T = (85) \times (651)$$

651というのはやや素因数分解しづらいかもしれませんね。ここで割り切れる数の探し方を紹介しておきましょう。

割り切れる数の探し方

2で割り切れる：末尾の数字が偶数

3で割り切れる：各位の数の和が3で割り切れる

4で割り切れる：下2ケタが4で割り切れるか、00

5で割り切れる：末尾の数字が0か5

6で割り切れる：2で割り切れ、同時に3でも割り切れる

7で割り切れる：有効な判別法なし（複雑なものはある）

8で割り切れる：下3ケタが8で割り切れるか、000

9で割り切れる：各位の数の和が9で割り切れる

651は 6 + 5 + 1 = 12 で各位の和が3の倍数なので3で割れます。

$$651 = 3 \times 217 = 3 \times 7 \times 31$$

よって、

$$T = (5 \times 17) \times (3 \times 7 \times 31)$$
$$= \underline{3 \times 5 \times 7 \times 17 \times 31}$$

(3)

これが一番むずかしい問題です。

でもこの問題のように大問がいくつかの小問に分かれているときは、ほとんどの場合前の問題は後ろの問題のヒントになっています。

私の頭の中

うわあ……めんどうくさそう。
↓
(1)や(2)をどうしたら使えるかな？
↓
まずは通分か（イヤだけれど）
↓
分母は200の約数たちだな……
あれ？　それなら通分は意外と楽かも？

$$U = \frac{1}{1} + \frac{1}{2} + \frac{1}{4} + \cdots + \frac{1}{100} + \frac{1}{200}$$

$$= \frac{200}{200} + \frac{100}{200} + \frac{50}{200} + \cdots + \frac{2}{200} + \frac{1}{200}$$

$$= \frac{200 + 100 + 50 + \cdots 2 + 1}{200}$$

おお、最後の行の分子はSそのものです（順序は逆だけど）！＼(^o^)／
と、いうことで、

$$U = \frac{S}{200}$$

(1) より（←やっぱりヒントでした）、

$$U = \frac{3 \times 5 \times 31}{200} = \frac{3 \times 31}{40} = \underline{\frac{93}{40}}$$

(4)
(3) と同じです。

$$V = \left(\frac{1}{1}\right)^2 + \left(\frac{1}{2}\right)^2 + \left(\frac{1}{4}\right)^2 + \cdots + \left(\frac{1}{100}\right)^2 + \left(\frac{1}{200}\right)^2$$

$$= \frac{200^2}{200^2} + \frac{100^2}{200^2} + \frac{50^2}{200^2} + \cdots + \frac{2^2}{200^2} + \frac{1^2}{200^2}$$

$$= \frac{200^2 + 100^2 + 50^2 + \cdots + 2^2 + 1^2}{200^2}$$

ゆえに、

$$V = \frac{T}{200^2}$$

$$= \frac{3 \times 5 \times 7 \times 17 \times 31}{200 \times 200} = \frac{3 \times 7 \times 17 \times 31}{40 \times 200} = \underline{\frac{11067}{8000}}$$

【テクニックの使い所】
　この問題は約数を素数の表にするところがポイントです。
素性を知るためにコンセプトを拡げて対象を「部品」に分解すると、一見複雑に見えるものがシンプルになることがあります。

[テクニック・その2] 本質を見抜く

総合問題②

(1)
$$x^3(2y-1) + x^2y + xy^2(1-2y) - y^3$$
を因数分解しなさい。

(2)
$$\begin{cases} x = \sqrt{3} + \sqrt{6} - \dfrac{1}{\sqrt{3}} - \dfrac{1}{\sqrt{6}} \\ y = -\sqrt{3} + \sqrt{6} + \dfrac{1}{\sqrt{3}} - \dfrac{1}{\sqrt{6}} \end{cases}$$

のとき、xy の値を求めなさい。
また、このときの $x^3(2y-1) + x^2y + xy^2(1-2y) - y^3$ の値も求めなさい。

[灘高]

> **私の頭の中**　うわあ、またぬんどうくさそうな問題だなあ。
> ↓
> (2)のxとyの値も凄い式だ(>_<)
> ↓
> あ、でもよくみるとxとyは、数字は同じで符号が違うだけか。
> 【cf.10のアプローチその3「対称性を見つける」】
> ↓
> $x+y$や$x-y$を作ったらいいことありそう！
> ↓
> …ということは
> $x^2-y^2=(x+y)(x-y)$
> を使うのかも！
> ↓
> 「x^2-y^2」を探そう！

(1)

　　　　　　　　　　　　$\boxed{x^2-y^2\text{が作れそう}}$

$x^3(2y-1) + x^2y + xy^2(1-2y) - y^3$
$= x^3(2y-1) + xy^2(1-2y) + x^2y - y^3$
$= x^3(2y-1) + xy^2(1-2y) + y(x^2-y^2)$

　　　　　　　　　　　　$\boxed{1-2y = -(2y-1)}$

$= x^3(2y-1) - xy^2(2y-1) + y(x^2-y^2)$
$= x(2y-1)(x^2-y^2) + y(x^2-y^2)$

　　　　$\boxed{x^2-y^2\text{でくくれる}}$

$$= \{x(2y-1) + y\}(x^2 - y^2)$$
$$= (2xy - x + y)(x + y)(x - y)$$

できました！＼(^o^)／

(2)

x も y も複雑な式ですが、よく見ると使われている数字は $\sqrt{3}$ と $\sqrt{6}$ しかありません。そこで、見やすく（？）するために、

$$\sqrt{3} = a$$
$$\sqrt{6} = b$$

とおいてみましょう。

$$\begin{cases} x = a + b - \dfrac{1}{a} - \dfrac{1}{b} \\ y = -a + b + \dfrac{1}{a} - \dfrac{1}{b} \end{cases}$$

xy を作っていきます。

$$xy = \left(a + b - \frac{1}{a} - \frac{1}{b}\right)\left(-a + b + \frac{1}{a} - \frac{1}{b}\right)$$

なんだか a と b がたくさんあって、符号が同じだったり逆だったり……で、ここでも連想してほしいのは例の和と差の積の公式、

$$(A + B)(A - B) = A^2 - B^2$$

です。

$$xy = \left\{\left(b - \frac{1}{b}\right) + \left(a - \frac{1}{a}\right)\right\}\left\{\left(b - \frac{1}{b}\right) - \left(a - \frac{1}{a}\right)\right\}$$

に見えればしめたものです。

そうです、xy は $\left(b-\frac{1}{b}\right)$ と $\left(a-\frac{1}{a}\right)$ の和と差の積になっています！

$$xy = \left\{\left(b-\frac{1}{b}\right)+\left(a-\frac{1}{a}\right)\right\}\left\{\left(b-\frac{1}{b}\right)-\left(a-\frac{1}{a}\right)\right\}$$

$$= \left(b-\frac{1}{b}\right)^2 - \left(a-\frac{1}{a}\right)^2$$

$$= b^2 - 2\times b \times \frac{1}{b} + \left(\frac{1}{b}\right)^2 - \left\{a^2 - 2\times a \times \frac{1}{a} + \left(\frac{1}{a}\right)^2\right\}$$

$$= b^2 - 2 + \frac{1}{b^2} - a^2 + 2 - \frac{1}{a^2}$$

$$= b^2 + \frac{1}{b^2} - a^2 - \frac{1}{a^2}$$

$$= \sqrt{6}^2 + \frac{1}{\sqrt{6}^2} - \sqrt{3}^2 - \frac{1}{\sqrt{3}^2}$$

$$= 6 + \frac{1}{6} - 3 - \frac{1}{3}$$

$$= 3 - \frac{1}{6}$$

$$= \frac{17}{6}$$

できました！

次は、

$$x^3(2y-1) + x^2y + xy^2(1-2y) - y^3$$

の値を計算するわけですが、もちろん因数分解したほうの式に代入します（ここでも前の問題は後の問題のヒントです）。

$$x^3(2y-1) + x^2y + xy^2(1-2y) - y^3 = (2xy - x + y)(x+y)(x-y)$$

でした。最初の（　）は

$$(2xy - x + y) = \{2xy - (x - y)\}$$

と変形できるので、$x+y$ と $x-y$ の値がわかれば値がわかりそうです。

$$x + y = \left(\sqrt{3} + \sqrt{6} - \frac{1}{\sqrt{3}} - \frac{1}{\sqrt{6}}\right) + \left(-\sqrt{3} + \sqrt{6} + \frac{1}{\sqrt{3}} - \frac{1}{\sqrt{6}}\right)$$

$$= \cancel{\sqrt{3}} + \sqrt{6} - \cancel{\frac{1}{\sqrt{3}}} - \frac{1}{\sqrt{6}} - \cancel{\sqrt{3}} + \sqrt{6} + \cancel{\frac{1}{\sqrt{3}}} - \frac{1}{\sqrt{6}}$$

$$= 2\sqrt{6} - \frac{2}{\sqrt{6}}$$

$$= 2\sqrt{6} - \frac{2\sqrt{6}}{6}$$

$$= \frac{12\sqrt{6} - 2\sqrt{6}}{6}$$

$$= \frac{10\sqrt{6}}{6} = \frac{5\sqrt{6}}{3}$$

$$x - y = \left(\sqrt{3} + \sqrt{6} - \frac{1}{\sqrt{3}} - \frac{1}{\sqrt{6}}\right) - \left(-\sqrt{3} + \sqrt{6} + \frac{1}{\sqrt{3}} - \frac{1}{\sqrt{6}}\right)$$

$$= \sqrt{3} + \cancel{\sqrt{6}} - \frac{1}{\sqrt{3}} - \cancel{\frac{1}{\sqrt{6}}} + \sqrt{3} - \cancel{\sqrt{6}} - \frac{1}{\sqrt{3}} + \cancel{\frac{1}{\sqrt{6}}}$$

$$= 2\sqrt{3} - \frac{2}{\sqrt{3}}$$

$$= 2\sqrt{3} - \frac{2\sqrt{3}}{3}$$

$$= \frac{6\sqrt{3} - 2\sqrt{3}}{3} = \frac{4\sqrt{3}}{3}$$

以上を代入すると、

$$x^3(2y-1) + x^2y + xy^2(1-2y) - y^3 = \{2xy - (x-y)\}(x+y)(x-y)$$

$$= (2 \times \frac{17}{6} - \frac{4\sqrt{3}}{3}) \times \frac{5\sqrt{6}}{3} \times \frac{4\sqrt{3}}{3}$$

$$= \frac{17 - 4\sqrt{3}}{3} \times \frac{5\sqrt{6}}{3} \times \frac{4\sqrt{3}}{3}$$

$$= \frac{(17 - 4\sqrt{3}) \times 20\sqrt{18}}{27}$$

$$= \frac{(17 - 4\sqrt{3}) \times 20 \times 3\sqrt{2}}{27}$$

$$= \frac{(17 - 4\sqrt{3}) \times 20 \times \sqrt{2}}{9}$$

$$= \frac{340\sqrt{2} - 80\sqrt{6}}{9}$$

お疲れ様でした！ でも後半は単なる計算です。

【テクニックの使い所】
　(2)でわざわざ$\sqrt{3}$と$\sqrt{6}$を文字でおいているのは、そのほうが式が持っている本質が見えやすいからです。具体性は失われても、抽象的に表すことで、本質（本問の場合は対称性）が見えて扱いやすいこともあります。

［テクニック・その3］
合理的に解を導く

総合問題③

2種類のポンプA、Bを利用してタンクTに給水する。Tを満水にするために必要な時間と、ポンプを動かすためにかかる費用は、Aを1台とBを2台利用すると36時間、1260円、Aを3台とBを4台利用すると15時間、1275円である。このとき次の（　）にあてはまる数を求めなさい。

(1) Aを1台利用して12時間給水したときと同じ量の水を、Bを1台利用して給水すると（　ア　）時間かかる。

(2) Aのみを数台利用してTを満水にすると、費用は（　イ　）円かかる。

(3) Aを（　ウ　）台とBを（　エ　）台利用してTを満水にするための時間と費用は8時間、1280円である。

［筑波大附高］

> **私の頭の中** ごちゃごちゃといろいろ書いてあるなあ。
> ↓
> 余計な情報はそぎ落とさなくちゃ。
> ↓
> まずはポンプの能力をモデル化すればよいのではないか？
> ↓
> ポンプの能力は…「1時間あたりの給水量」を使おう！

Aは1時間当たりal、Bは1時間が当たりbl給水できるとする。

タンクが満水：(A1台＋B2台)×36時間＝(A3台＋B4台)×15時間

また、（ ア ）で聞かれている時間をx時間とすると、

$$A1台 \times 12時間 = B1台 \times x時間$$

これを完全に数式にすると、

$$\begin{cases} (a+2b) \times 36 = (3a+4b) \times 15 & \cdots\cdots① \\ a \times 12 = b \times x & \cdots\cdots② \end{cases}$$

①より、

$$36a + 72b = 45a + 60b$$
$$\Leftrightarrow \quad 72b - 60b = 45a - 36a$$
$$\Leftrightarrow \quad 12b = 9a$$
$$\Leftrightarrow \quad b = \frac{9a}{12} = \frac{3}{4}a$$

これを②に代入。

$$a \times 12 = \frac{3}{4}a \times x$$

終章　総合問題：7つのテクニックはどう使うのか？

$$\Leftrightarrow \frac{3}{4}ax = 12a$$

$a \neq 0$ は明らかなので、

$$\Leftrightarrow x = \frac{12a}{\left(\frac{3a}{4}\right)} = 12a \div \frac{3a}{4} = 12a \times \frac{4}{3a} = \underline{16} \text{ [時間]}$$

求まりました＼(^o^)／

(2)

今度は費用に関する問題なので、Aを1時間使うとm円、Bを1時間使うとn円ということにしましょう。

$$\begin{cases} (m+2n) \times 36 = 1260 \\ (3m+4n) \times 15 = 1275 \end{cases}$$

$$\Leftrightarrow \begin{cases} m + 2n = \dfrac{1260}{36} = 35 & \cdots\cdots ③ \\ 3m + 4n = \dfrac{1275}{15} = 85 & \cdots\cdots ④ \end{cases}$$

```
③×2          2m + 4n = 70
④          −) 3m + 4n = 85
               −m = −15
```

$$\Leftrightarrow m = 15 \quad \cdots\cdots ⑤$$

⑤を③に代入して、

$$15 + 2n = 35$$

$$\Leftrightarrow 2n = 20$$

$$\Leftrightarrow n = 10 \quad \cdots\cdots ⑥$$

求まりました！……と喜ぶのはまだ早いです(^_^;)

問題で聞かれているのはAだけで満水にするときの費用ですから、Aだけで満水にするには何時間かかるかを考える必要があります。

(1) で、

$$b = \frac{3}{4}a$$

であることがわかったので、B1台はA$\frac{3}{4}$台分ですね。

ということはAが1台とBが2台で満水まで36時間ですから、

$$A1台 + B2台 = A1台 + A\frac{3}{4}台 \times 2 = A1台 + A\frac{3}{2}台 = A\frac{5}{2}台$$

より、タンクTを満水にするまでにAを$\frac{5}{2}$台使うと、36時間かかることがわかります。

$m = 15$ より、A1台を1時間使うと15円ですから、
A$\frac{5}{2}$台を36時間使うとかかる費用は、

$$15 \times \frac{5}{2} \times 36 = \underline{1350[円]}$$

です。

(3)

Aをp台、Bをq台使うとしましょう。

(1) で使った「能力」のaとbも使って問題文を式にすると、

$$(A1台 + B2台) \times 36時間 = (Ap台 + Bq台) \times 8時間$$

より、

$$(a + 2b) \times 36 = (ap + bq) \times 8$$
$$\Leftrightarrow \quad (a + 2b) \times 9 = (ap + bq) \times 2$$

$b = \frac{3}{4}a$ より、

$$\Leftrightarrow \left(a + 2 \times \frac{3}{4}a\right) \times 9 = \left(ap + \frac{3}{4}aq\right) \times 2$$

$$\Leftrightarrow \frac{5}{2}a \times 9 = \left(p + \frac{3}{4}q\right)a \times 2$$

a は 0 でないので両辺を a で割り、左辺と右辺を入れかえると、

$$2p + \frac{3}{2}q = \frac{45}{2}$$

$$\Leftrightarrow \quad 4p + 3q = 45$$

⑤、⑥より A、B を 1 時間使うとそれぞれ 15 円と 10 円かかりますから A を p 台と B を q 台 8 時間使ったときの費用が 1280 円だというのは、

$$(15p + 10q) \times 8 = 1280$$

という式になりますね。

$$\Leftrightarrow \quad 15p + 10q = 160$$
$$\Leftrightarrow \quad 3p + 2q = 32$$

以上を連立しましょう。

$$\begin{cases} 4p + 3q = 45 & \cdots\cdots ⑦ \\ 3p + 2q = 32 & \cdots\cdots ⑧ \end{cases}$$

q を消去します。

⑦×2 $8p + 6q = 90$
⑧×3 $-)\underline{9p + 6q = 96}$
              $-p \quad\quad = -6$

$$\Leftrightarrow \quad p = 6 \quad \cdots\cdots ⑨$$

⑨を⑧に代入して、

$$18 + 2q = 32$$
$$\Leftrightarrow 2q = 14$$
$$\Leftrightarrow q = 7$$

よって、Aは6台、Bは7台とわかりました＼(^o^)／

【テクニックの使い所】
　問題文からは、かなり複雑な印象を受けると思います。また問題文の意味がわかったとしても、特に（1）と（2）は、どのように数式に落としこむか（モデル化するか）がすぐにはわからないかもしれませんね。(1)「1時間あたりの給水量」、(2) では「1時間あたりの費用」を考えることで、余計な情報をそぎ落とすことができました（第3章で紹介した仕事算に通じます）。
　通常モデル化は簡単なことではありませんが、一度モデル化ができれば問題の本質が見えてくるので、「答え」が見つかりやすくなります。

［テクニック・その4］
因果関係をおさえる

総合問題④

放物線 $y = x^2$ と直線 $y = x + 6$ が右の図のように2点A、Bで交わっている。点Aを通り傾きが -3 の直線とこの放物線との交点のうち、Aでないほうを Cとする。次の問いに答えなさい。

(1) 3点A、B、Cの座標を求めなさい。
(2) 直線BCの式を求めなさい。
(3) 直線 $y = -x + 6k$ が△ABCの面積を2等分するとき、k の値を求めなさい。

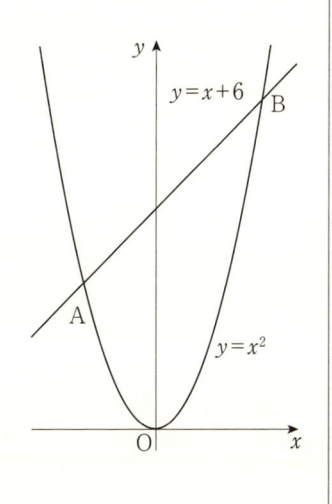

［灘高］

私の頭の中 AとBは与えられたグラフの交点だから、連立方程式を解けばすぐに求まりそう！

(1)
A、Bは $y = x^2$ と $y = x + 6$ の交点だから、

$$\begin{cases} y = x^2 & \cdots\cdots ① \\ y = x + 6 & \cdots\cdots ② \end{cases}$$

の連立方程式を解けばよい。

①を②に代入して、
$$x^2 = x + 6$$
$$\Leftrightarrow x^2 - x - 6 = 0$$
$$\Leftrightarrow (x - 3)(x + 2) = 0$$
$$\Leftrightarrow (x - 3) = 0 \quad \text{あるいは} \quad (x + 2) = 0$$
$$\Leftrightarrow x = 3 \quad \text{あるいは} \quad x = -2$$

$x = 3$ のとき、②より、
$$y = 3 + 6 = 9$$

$x = -2$ のとき、同じく②より、
$$y = -2 + 6 = 4$$

よって、A $(-2, 4)$、B $(3, 9)$

次はCを求めます。

私の頭の中

傾きが -3 の直線の式は、

$$y = -3x + b$$

の形をしているはずだから、わからないのは b だけ。
↓
あと1つ条件があればいい
↓
「Aを通る」が使える！
↓
直線ACの式がわかれば連立方程式！

傾きが−3の直線は、

$$y = -3x + b \quad \cdots\cdots ③$$

これがAを通るから③にA（−2, 4）を代入して、

$$4 = -3 \times (-2) + b$$
$$\Leftrightarrow \quad 4 = 6 + b$$
$$\Leftrightarrow \quad b = -2$$

③より、

$$y = -3x - 2$$

Cはこれとの交点だから、

$$\begin{cases} y = x^2 & \cdots\cdots ① \\ y = -3x - 2 & \cdots\cdots ④ \end{cases}$$

の連立方程式を解けばよい。

①を④に代入して、

$$x^2 = -3x - 2$$
$$\Leftrightarrow \quad x^2 + 3x + 2 = 0$$
$$\Leftrightarrow \quad (x+1)(x+2) = 0$$
$$\Leftrightarrow \quad (x+1) = 0 \quad \text{あるいは} \quad (x+2) = 0$$
$$\Leftrightarrow \quad x = -1 \quad \text{あるいは} \quad x = -2$$

$x = -2$ はA。

$x = -1$ のとき、④より、

$$y = -3 \times (-1) - 2 = 1$$

よって、C（−1, 1）

(2)

> **私の頭の中**
>
> 一般に直線の式は、
>
> $y = mx + n$
>
> の形。
> ↓
> 今度は m と n がわからない。
> ↓
> 条件が2つ必要
> ↓
> 通る点が2つ(BとC)わかっているから大丈夫！

求める直線の式を、

$$y = mx + n \quad \cdots\cdots ⑤$$

とする。

Bを通るのでB(3, 9)を⑤に代入して、

$$9 = 3m + n$$
$$\Leftrightarrow \quad 3m + n = 9 \quad \cdots\cdots ⑥$$

C(-1, 1)も通るので、同様に、

$$1 = -m + n$$
$$\Leftrightarrow \quad -m + n = 1 \quad \cdots\cdots ⑦$$

⑥と⑦を連立します。

$$\begin{cases} 3m + n = 9 & \cdots\cdots ⑥ \\ -m + n = 1 & \cdots\cdots ⑦ \end{cases}$$

nを消去します。

⑥
⑦
$$3m + n = 9$$
$$-) -m + n = 1$$
$$4m = 8$$
$$\Leftrightarrow m = 2 \quad \cdots\cdots ⑧$$

⑧を⑥に代入して、

$$3 \times 2 + n = 9$$
$$\Leftrightarrow 6 + n = 9$$
$$\Leftrightarrow n = 3 \quad \cdots\cdots ⑨$$

⑧と⑨を⑤に代入して、直線BCを表す式は、

$$\underline{y = 2x + 3}$$

(3)

私の頭の中	急に難易度アップ！(>_<)
	↓
	そもそも△ABCの面積はいくつになるんだろう？

311

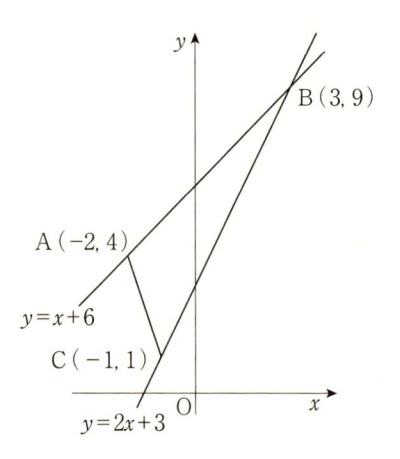

3点の座標はわかっていてもこのように、すべての辺がx軸やy軸と平行でないとき、その座標からすぐに面積を求めることはできません。こんなときはy軸に平行な補助線を引くことで2つの三角形に分割すれば面積が求まります（←高校受験では有名な方法ですね）。

つまり、

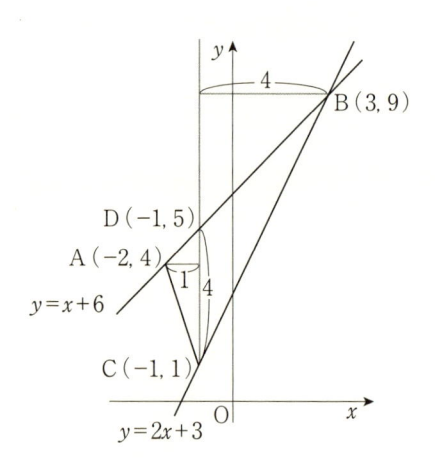

のようにして、

$$\triangle ABC = \triangle ACD + \triangle BDC$$

と考えるわけです。

DはCの真上にあって、$y = x + 6$上にある点なので、$y = x + 6$にCのx座標（-1）を代入すればD（$-1, 5$）と求まります（←さり気なく関数の性質を使っています）。

$\triangle ACD$はCDを底辺だと思えば高さがAとDのx座標の差から、

$$-1 - (-2) = 1$$

と求まりますので、

$$\triangle ACD = 4 \times 1 \times \frac{1}{2} = 2$$

ですね。

同様に、

$$\triangle BDC = 4 \times 4 \times \frac{1}{2} = 8$$

です。

よって、

$$\triangle ABC = \triangle ACD + \triangle BDC = 2 + 8 = 10$$

です。

グラフにBCやACや直線$y = -x + 6k$を書き込んでみます。

(図: $y = x^2$ の放物線と、直線 $y = -x + 6k$、$y = x + 6$、$y = 2x + 3$ が描かれ、点 A、B、C、P、Q が示されている)

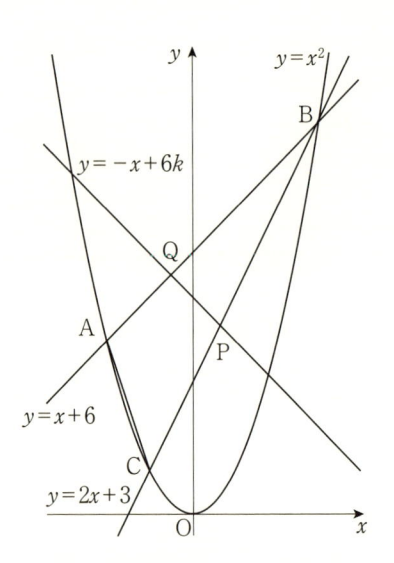

私の頭の中

むむむ……
随分ややこしい図になってきた(>_<)

↓

△ABCの面積は10だから、△BPQの面積が5になればいい！

↓

さっきと同じ要領で分割すれば△BPQの面積も求められそう。

↓

$y = -x + 6k$ と、ABとの交点(Q)やBCとの交点(P)は k が混ざった式になるだろうなあ～。

↓

ということは、△BPQの面積も k の関数になるなあ！

↓

方程式が作れそう！！＼(^o^)／

$y=-x+6k$と、ABとの交点（Q）やBCとの交点（P）の座標は、それぞれの直線の式を使って連立方程式を解けば求まりますし、Pからy軸に平行に引いた線とABとの交点も、$y=-x+6k$にPのx座標を代入すれば求まります。その計算過程は冗長になるので割愛させてもらますが（でも自分で確かめてくださいね）各点の座標や長さは次の図のようになります。

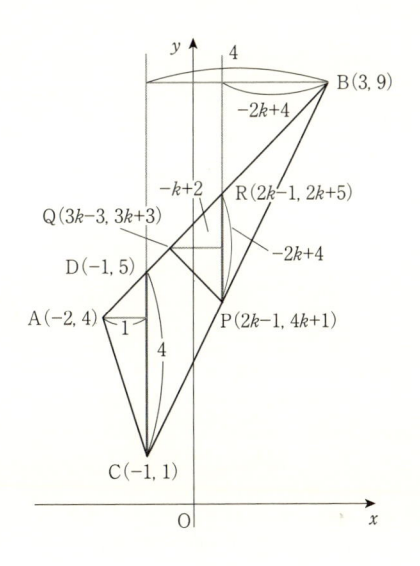

図より、

$\triangle BPQ = \triangle QPR + \triangle BRP$

$= (-2k+4)(-k+2) \times \dfrac{1}{2} + (-2k+4)(-2k+4) \times \dfrac{1}{2}$

$= \dfrac{1}{2}(-2k+4)\{(-k+2)+(-2k+4)\}$

$= \dfrac{1}{2}(-2k+4)(-3k+6) = \dfrac{1}{2} \times (-2)(k-2) \times (-3)(k-2)$

$= 3(k-2)^2$

題意は、

$$\triangle \mathrm{BPQ} = \frac{1}{2} \times \triangle \mathrm{ABC}$$

だから、

$$3(k-2)^2 = \frac{1}{2} \times 10$$

$$\Leftrightarrow \quad (k-2)^2 = \frac{5}{3}$$

$$\Leftrightarrow \quad k-2 = \pm\sqrt{\frac{5}{3}} = \pm\frac{\sqrt{15}}{3}$$

$$\Leftrightarrow \quad k = 2 \pm \frac{\sqrt{15}}{3}$$

私の頭の中　あれ？　2つ答えがあるのかな？
↓
吟味しよう！
↓
$y = -x + 6k$ とABとの交点QはAとBの間にあるはず

Qのx座標はAとBのx座標の間にあるはずなので、

$$-2 \leqq 3k-3 \leqq 3$$
$$\Leftrightarrow -2+3 \leqq 3k \leqq 3+3$$
$$\Leftrightarrow 1 \leqq 3k \leqq 6$$
$$\Leftrightarrow \frac{1}{3} \leqq k \leqq 2$$

でなくてはならない。

よって、

$$k = 2 + \frac{\sqrt{15}}{3}$$

は不適。

以上より、求めるkの値は、

$$k = 2 - \frac{\sqrt{15}}{3}$$

お疲れ様でした！

【テクニックの使い所】

　この問題は7問中最も難しい問題です。

　ただし、難しさのほとんどの部分は「ややこしさ」です。この問題を解くポイントは、△BPQの面積をkの関数として求めればよいと思えるかどうかです。kの値が原因で△BPQの面積が結果であるという因果関係をつかめさえすれば、計算が複雑になっても自分を見失わずにすむでしょう。

　複雑な問題であってもそこにある因果関係は意外と単純なことは少なくないと思います。

［テクニック・その5］
情報を増やす

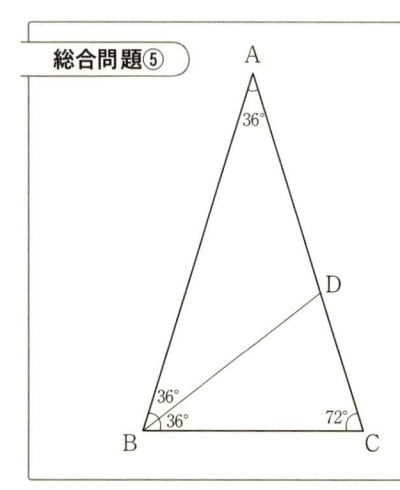

総合問題⑤

図のような△ABCにおいて、$\dfrac{BC}{AB}$ の値を求めなさい。

［灘高］

私の頭の中

$\dfrac{BC}{AB}$ の値ということは、
BC：AB の比の値がわかればいいんだな

↓

「比」を求めるには……
相似な図形を探せばいいはず！

△ABC と △BCD において、

$$\angle BAC = \angle CBD\,(=36°)$$
$$\angle ABC = \angle BCD\,(=72°)$$

2角相等より、△ABC∽△BCD

> **私の頭の中**
> う〜ん、まだこれでは情報が
> 足りなさそうだ。
> ↓
> あ、△ABCも△BCDも△DABも二等辺三角形だ！
> ↓
> 辺の長さは与えらていないけれど、
> 相似な図形は大きさにかかわらず辺の比は
> 一定になるはずだから、AB＝1にしちゃおう。

また、△ABCや△BCDは底角が72°の二等辺三角形であり、さらに△DABは底角が36°の二等辺三角形。

ここで辺の長さを、
$$AB = AC = 1$$
$$BC = BD = DA = x$$
とする。

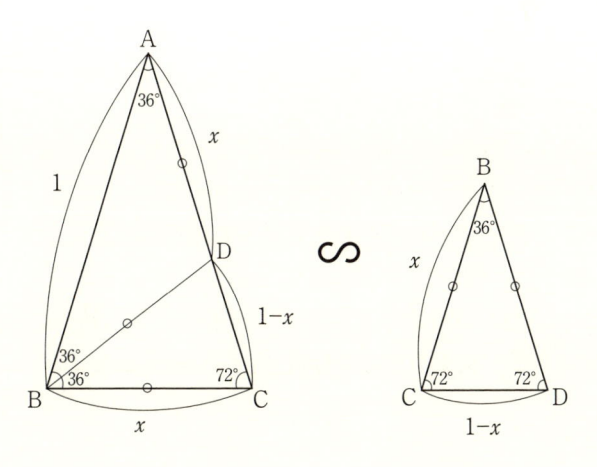

対応する辺の比は等しいから、

$$AB:BC = BC:CD$$
$$\Leftrightarrow \quad 1:x = x:1-x$$

外項の積＝内項の積より、

$$1 \times (1-x) = x \times x$$
$$\Leftrightarrow \quad 1-x = x^2$$
$$\Leftrightarrow \quad x^2 + x - 1 = 0$$

因数分解できないので、解の公式を使って、

$$x = \frac{-1 \pm \sqrt{1^2 - 4 \times 1 \times (-1)}}{2} = \frac{-1 \pm \sqrt{5}}{2}$$

x は辺の長さなので $x>0$。

$$\therefore \quad x = \frac{-1+\sqrt{5}}{2}$$

$$\frac{BC}{AB} = \frac{x}{1} = x = \frac{-1+\sqrt{5}}{2}$$

【テクニックの使い所】

　相似な図形が見つかれば比の関係が求まります。そして、比例式が大変強力であることは何度も書いてきた通りです。2つのものが「似ている」ことが見つかればそこから得られる情報は絶大です。

　また本問では、図形に含まれる三角形が二等辺三角形であるとわかったことで図形の中に等しい長さの辺がたくさん見つかりました。分類ができれば、見えなかった性質があぶり出されます。

終章　総合問題：7つのテクニックはどう使うのか？

実は底角が72°の二等辺三角形は正五角形の中にすっぽりとおさまる二等辺三角形で、「特別な」二等辺三角形です。

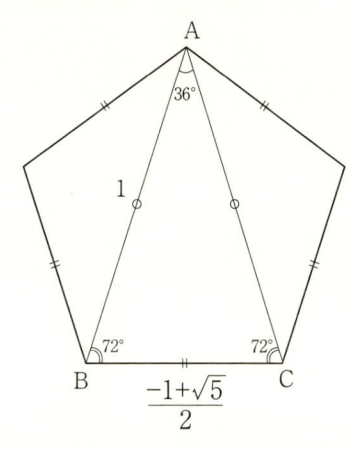

この正五角形の対角線と1辺の長さの比は、人間が美しいと感じることで有名な「黄金比」です。古くはパルテノン神殿やピラミッドにもこの比率を見つけることができます。黄金比は巻貝や桜やいちごの花びら、リンゴを割ったときの種の配置など自然界に多く見られるため、人間が「見慣れたもの」として美しいと感じるのではないか、と言われています。

[テクニック・その6]
他人を納得させる

総合問題⑥

右の図において、

$$\angle BAP = \angle ABQ = 90°$$
$$AP \times BQ = AB^2$$

ABの中点をC、AQとBPの交点をRとする。
AC＝CRを証明しなさい。

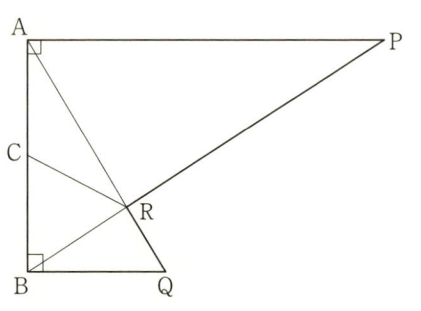

[灘高]

私の頭の中 AP×BQ＝AB²という式が臭うなあ……

↓

これって、

AP：AB＝AB：BQ ⇔ AP×BQ＝AB×AB

っていう「外項の積＝内項の積」の結果じゃないの？

↓

お、2辺比夾角相等が使えそう！

　　△ABPと△BQAにおいて、仮定より、

$$AP \times BQ = AB^2$$
$$\Leftrightarrow \quad AP \times BQ = AB \times AB$$
$$\Leftrightarrow \quad AP : AB = AB : BQ \quad \cdots\cdots ①$$

また同じく仮定より、

$$\angle BAP = \angle ABQ \quad \cdots\cdots ②$$

①と②から2辺比夾角相等なので、

$$\triangle ABP \backsim \triangle BQA$$

相似な三角形は対応する角が等しいので、

$$\angle APB = \angle BAQ \quad \cdots\cdots ②$$

私の頭の中

CはABの中点だから、

AC＝BC

でもあるんだよなあ。
↓
ん？……ということは、

AC＝BC＝CR

ってことか！
↓
CはA、R、Bを通る円の中心じゃない？
↓
∠ARB＝90°ってわかれば、
△ABRが円に内接することが言える！

【cf.10のアプローチその10「ゴールからスタートをたどる」】

△RABについて、

$$\angle ARB = 180° - (\angle BAQ + \angle PBA)$$

②より、

$$= 180° - (\angle APB + \angle PBA)$$
$$= \angle BAP$$
$$= 90°$$

よって△ABRはABを直径とする円に内接し、Cは円の中心だから

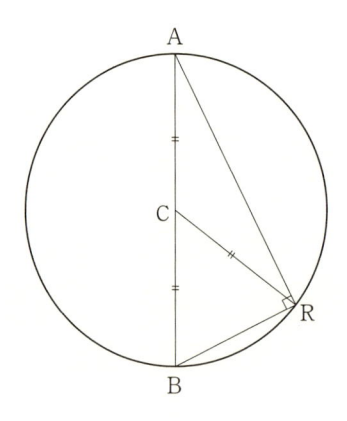

AC = CR

(終)

【テクニックの使い所】
　証明の取っ掛かりを探すには「ゴールからスタートをたどる」というアプローチが必要になりますが、結論への道筋が見えたら、読む人がわかりやすいように、端折らずに書くことが大切です。どこで仮定を使い、どこで前に得られた結論を使ったのかを、言葉を惜しまずに伝えましょう。
　「言わなくても通じるだろう」はほとんどの場合、通じません。

終章　総合問題：7つのテクニックはどう使うのか？

[テクニック・その7]
部分から全体を捉える

総合問題⑦

サイコロを2回投げて、1回目に出た目の数をa、2回目に出た目の数をbとして、座標平面上に点A(a, b)をとる。次の問いに答えなさい。

(1) 原点O$(0, 0)$と点Aを結ぶ直線の傾きが整数になる確率を求めよ。
(2) 点Aと点B$(7, 7)$を結ぶ直線のy切片が正となる確率を求めなさい。

[ラ・サール高]

私の頭の中

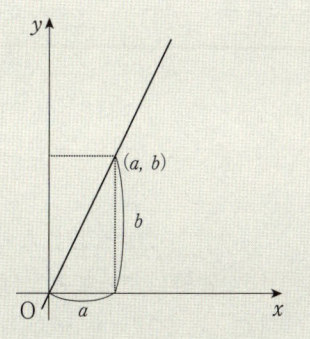

傾き＝$\dfrac{たて}{よこ}$

だから、OとAを結ぶ直線の傾きは$\dfrac{b}{a}$だな。
↓
これが整数になるってことは、
aがbの約数であればいい！

サイコロの目の出方は全部で

$$6 \times 6 = 36$$

で36通り。

OAの傾き $\frac{b}{a}$ が整数になるとき a は b の約数になっているので、(a, b) として考えられるのは、

$(1, 1)$、$(1, 2)$、$(1, 3)$、$(1, 4)$、$(1, 5)$、$(1, 6)$
$(2, 2)$、$(2, 4)$、$(2, 6)$
$(3, 3)$、$(3, 6)$
$(4, 4)$
$(5, 5)$
$(6, 6)$

の計14通り。よって求める確率は、

$$\frac{14}{36} = \frac{7}{18}$$

(2)

| 私の頭の中 | y 切片が正になる場合？実際にやってみたほうが早そう（だって全部でも36個しかないんだし）。 |

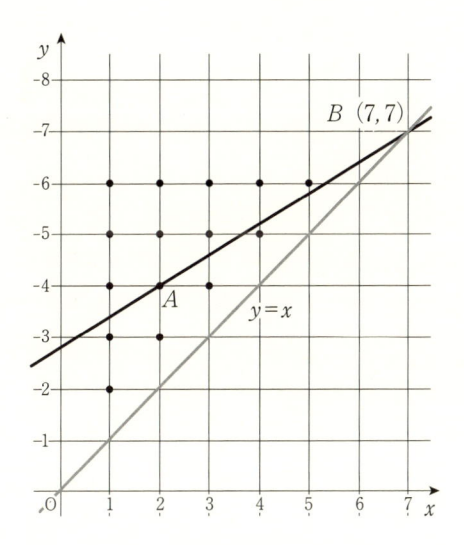

終章　総合問題：7つのテクニックはどう使うのか？

　Aが$y=x$より上にあるとき、直線ABのy切片は正になるから、該当する点の数をかぞえると、15個。

　よって、求める確率は

$$\frac{15}{36} = \frac{5}{12}$$

【テクニックの使い所】
　あれ……？　と、拍子抜けした人も多いと思います。
　実は、確率・統計に関しては中学数学ではほんの準備段階しか学ばないので、歯ごたえのある問題があまり多くありません（ただひたすらややこしいものはあります）。
　また中学数学の段階では確率と統計の繋がりも見えづらいですね。この先の勉強の楽しみにとっておきましょう。

おわりに

　この本では中学数学全般を扱いました。ほぼすべての単元を取り上げたつもりです……なんて言うと、
　「本当にこれで全部？」
と訝（いぶか）しむ読者もいるでしょう（気持ちはわかります！）。そこで本書で取り上げた「7つのテクニック」と中学数学の内容対照表を載せておきます。指導要領では、中学数学は各学年が「数と式」「関数」「図形」「資料の活用」に分かれていますので、それにならった表になっています。
　また、高校数学の内容とそれぞれがどのように繋がっていくかも同じ表にまとめました。高校数学は必ずしも上の4つの区分を意識しているわけではないので中には横断的な単元もありますが、おおよそは次頁の表のような感じです。

「数と式」＆「関数」がメイン

　こうして表にしてみると、高校数学では「数と式」と「関数」に関連する内容に全体の重心が移っているのがわかってもらえると思います。だから、と言うわけでもないのですが、本書でもこの2分野に紙幅の多くを割きました。中学数学の「資料の活用」はそもそも内容が乏しいために、本書では範囲外の内容を補足したくらいですが、逆に「図形」に関しては意識して圧縮してあります。
　「数と式」や「関数」では、対象を文字式で表してモデル化したり、ある事柄と別の事柄の間に因果関係があることを関数として捉えたりすることを学びました。これは高校数学に入っても、またさらにその後の実用数学においても応用範囲が広いだけでなく、仕事や生活の中で論理的に思考しようとするときには大変有効な考え方です。
　対して、円や直角三角形などの図形についてのさまざまな知識は、特定の仕事以外では日常生活で必要になることはほとんどないでしょう。私が大人の方に図形を通して学んでほしいと思うのは、分類や制約から隠れた

おわりに

【7つのテクニックと中学数学】

		数と式	関　数	図　形	資料の活用
中1		正の数・負の数	比例・反比例	平面図形	資料の散らばりと代表値
		文字を用いた式		空間図形	
		一元一次方程式			
中2		文字を用いた式の四則演算	一次関数	平面図形と平行線の性質	確率
		連立二元一次方程式		図形の合同	
中3		平方根	関数 $y = ax^2$	図形の相似	標本調査
		式の展開と因数分解		円周角と中心角	
		二次方程式		三平方の定理	
テクニック		(1) 概念で理解する	(4) 因果関係をおさえる	(5) 情報を増やす	(7) 部分から全体を捉える
		(2) 本質を見抜く		(6) 他人を納得させる	
		(3) 合理的に解を導く			

⬇　　　⬇　　　⬇　　　⬇

【高校】

	数と式	関数	図形	資料の活用
数Ⅰ	数と式	二次関数	図形と計量（三角比）	データの分析
数A	整数の性質		図形の性質	場合の数と確率
数Ⅱ	いろいろな式	指数関数・対数関数		
	図形と方程式	三角関数		
		微分・積分の考え		
数B	数列			確率分布と統計的推測
	ベクトル			
数Ⅲ	平面上の曲線と複素数平面	微分法		
	極限	積分法		

（注）「数Ｃ」は新課程から廃止になった。

性質を見つける方法と仮定から結論を導く証明の基礎です。

　以上の観点から、たとえば直角三角形の合同条件や中線定理などについては本書の中では言及しませんでした。これらはまったく新しい概念というわけではなく、それぞれ一般の三角形の合同条件、三平方の定理の応用ですから、高校受験には必要でも、中学数学に出てくるアイディアを大人が使えるテクニックとして再編成することが目的の本書の中では枝葉末節に類するものと考えたからです。

　いずれにしても大人の方が中学数学を学ぶ際には「数と式」「関数」に重点をおくことをお薦めします。

あとは実践あるのみ！

　本書を読み終えた読者の中には、数学に対して新しいイメージが得られたことに興奮している人もいるかもしれません（そうであってほしいと願っています！）。でも、一方でどこかフワフワした落ち着かない気持ちもありませんか？　その地に足が着かない感じは演習量の不足からくるものです。

　数学に限らず何事もそうだと思いますが、理論に対する明確な理解（イメージ）と自らの手で実践した経験の双方は車の両輪です。どちらかだけでは、まっすぐに進むことができずに堂々巡りを繰り返してしまうでしょう。ですから、読者の皆さんにはぜひ市販の問題集・ドリル等で演習を積まれることをお薦めします。そしてその際には本書で紹介した「7つのテクニック」を元に、解答の「行間」に自由にイメージを膨らませてみてください。

　行間にあなたなりの「意味」が見つかったとき、そしてそれをあなた自身の言葉で人に伝えられるようになったとき、あなたにとって数学はもっと身近で、もっと楽しいものになっているはずです。

　本書は前著『大人のための数学勉強法』の姉妹書です。本文中には何度も「前著をご覧ください」という類の記述があって、辟易してしまった方

もいるかもしれませんが（ごめんなさい）、それは前著も買っていただきたいという商魂からではなく（まったくないとは言いません……）、実践の場面では、やはり前著の「10のアプローチ」が大きな力を発揮するからです。

「7つのテクニック」と「10のアプローチ」を連動させることで、解法の暗記をしなくても、ヒラメキに頼らなくても、一歩一歩確実に答えに向かって進めるようになります。それは「未知の問題を解く」という数学本来の目的のための準備が整ったことを意味します。

なぜ数学を教えるのか

高校時代の友人に「数学塾をやっているんだ」と言うと、たいてい「え？ 英語塾じゃないの？」と返ってきます。確かに高校時代の私は、英語を一番の得点源にしていて、その次は国語、次は物理……と決して数学の成績はトップクラスではありませんでした。でも、家庭教師を始めたときに指導科目に選んだのは数学でした。自分の数学の勉強法が我ながら独特であり、しかもそれが受験直前期や大学入学後に「実を結んだ」と思える瞬間があって自信があったのも理由の1つですが、何より大きかったのは、当時から数学を教えることは世のためになる、と信じていたからです。

数学が論理力を磨くための教科であることは何度も繰り返し書いてきた通りです。そして、**論理力とは「他人の考えが理解でき、自分の考えを他人に理解させる力」である**と私は考えています。

世の中の不要な争いごとの多くはみんなが論理力を持つことできっとなくなる、そのために1人でも多くの人に数学をわかってもらいたいというのが、私が数学を教える最大の動機です。

フーテンの寅さんいわく、

「人間ってのは理屈じゃ動かないんだよ」

その通りだと私も思います。でも、一方で金八先生いわく、

「『正しい』という字は『一つ止まる』と書きます」

だそうです。

人間の行動がすべて理屈で説明できるわけじゃないとしても、抗しがたい激しい衝動に駆られたときに、ふと立ち止まって論理的に考える癖が多くの人に行き渡れば、きっとこの世はもっと平和になるのではないでしょうか。そして愛が他人を認めて許すことだとしたら、論理力は愛さえも育んでくれると私は思います。私にとって数学は愛と平和のための学問なのです。

　あ、なんだか原稿を書き終えた興奮にまかせて、筆が滑りつつありますね。そろそろやめておきましょう(^_－)－☆

　最後に、前著に引き続きわかり易くウイットに富んだイラストを書いてくださったきたみりゅうじさん、手に取りやすいカバーデザインを考えて下さった荻原弦一郎さん、専門家の視点で校正にご協力いただいた小田敏弘さん、そして前著の続編という形で再び貴重な機会を与えてくださったダイヤモンド社の横田大樹さんには心から御礼申し上げます。

　それから……本書の執筆時期は受験シーズン直前の冬期講習と重なってしまったため少々タイトなスケジュールでした。でもこうして書き上げることができたのは、常に私の心と身体を気遣い、私が塾にカンヅメになって不在の間も、子供たちと家庭を守ってくれた妻のおかげです。そんな妻に改めて感謝しつつ、筆をおきたいと思います。

永野裕之

[著者]

永野裕之（ながの・ひろゆき）

1974年東京生まれ。暁星高等学校を経て東京大学理学部地球惑星物理学科卒。同大学院宇宙科学研究所（現JAXA）中退。高校時代には数学オリンピックに出場したほか、広中平祐氏主催の「第12回数理の翼セミナー」に東京都代表として参加。現在、個別指導塾・永野数学塾の塾長を務める。大人にも開放された数学塾としてNHK、日本テレビ、日本経済新聞、ビジネス誌などから多数の取材を受ける。2011年には週刊東洋経済にて「数学に強い塾」として全国3校掲載の1つに選ばれた。プロの指揮者でもある。著書に『大人のための数学勉強法　どんな問題も解ける10のアプローチ』がある。
URL：http://jyuku.donaldo-plan.com/

[イラスト]

きたみりゅうじ

もとはコンピュータプログラマ。本職のかたわらホームページで4コマまんがの連載などを行なう。この連載がきっかけで読者の方から書籍イラストをお願いされるようになり、そこからの流れで何故かイラストレーターではなくライターとしても仕事を請負うことになる。『キタミ式イラストIT塾「ITパスポート」』『キタミ式イラストIT塾「基本情報技術者」』（技術評論社）、『フリーランスを代表して申告と節税について教わってきました。』（日本実業出版社）など著書多数。
URL：http://www.kitajirushi.jp/

大人のための中学数学勉強法
――仕事と生活に役立つ7つのテクニック

2013年3月22日　第1刷発行

著　者――永野裕之
イラスト――きたみりゅうじ
発行所――ダイヤモンド社
　　　　〒150-8409　東京都渋谷区神宮前6-12-17
　　　　http://www.diamond.co.jp/
　　　　電話／03・5778・7234（編集）03・5778・7240（販売）
装丁――――萩原弦一郎（デジカル）
製作進行――ダイヤモンド・グラフィック社
印刷――――加藤文明社
製本――――宮本製本所
編集担当――横田大樹

Ⓒ 2013 Hiroyuki Nagano
ISBN 978-4-478-02377-8
落丁・乱丁本はお手数ですが小社営業局宛にお送りください。送料小社負担にてお取替えいたします。但し、古書店で購入されたものについてはお取替えできません。
無断転載・複製を禁ず
Printed in Japan

◆ダイヤモンド社の本◆

なぜ、あなたは数学ができなかったのでしょう？
それは、「勉強法」が間違っていたからです！

私に言わせれば「国語は得意だったけれど、数学（算数）は苦手だった」というのは矛盾しています。そしてそれは「私は数学の勉強方法を間違いました」とほぼ同意義です。国語ができたのなら、文章を読んだり書いたりすることに自信があるのなら、数学は必ずできるようになります。（本文より）

大人のための数学勉強法
どんな問題も解ける10のアプローチ
永野裕之 ［著］

Ａ５判並製　定価(本体1600円＋税)

http://www.diamond.co.jp/